전쟁은 어떻게 과학을 이용했는가

전쟁은 어떻게 과학을 이용했는가

김유항 황진명 지음

사과나무

전쟁은 어떻게 과학을 이용했는가

초판 1쇄 발행 2021년 1월 7일
초판 2쇄 발행 2021년 2월 10일

지은이 황진명, 김유항
펴낸곳 도서출판 사과나무
펴낸이 권정자
등록번호 1996년 9월 30일(제11-123)
주소 경기도 고양시 덕양구 충장로 123번길 26, 301-1208
전화 (031) 978-3436
팩스 (031) 978-2835
이메일 bookpd@hanmail.net
블로그 http://blog.naver.com/giruhan
트위터 @saganamubook

ISBN 978-89-6726-055-2 03400

* 이 도서는 한국출판문화산업진흥원의 '2020년 출판콘텐츠창작지원사업'의 일환으로 국민체육진흥기금을 지원받아 제작되었습니다.

이 도서의 국립중앙도서관 출판시도서목록(CIP)은 서지정보유통지원시스템 홈페이지(http://seoji.nl.go.kr)와 국가자료공동목록시스템(http://www.nl.go.kr/kolisnet)에서 이용하실 수 있습니다.(CIP제어번호: CIP2020051000)

"무슨 방법으로 죽든지 죽음은 죽음일 뿐이다.
총을 맞고 피를 흘리며 서서히 죽는 것과
독가스에 질식해서 빨리 죽는 것이 다를 바 없다."

– 프리츠 하버

• 머리말 •

로마제국의 군사공학에서 현대 사이버 전쟁까지

전쟁은 인류 역사를 통틀어 국가와 제국을 건설하는 데 중요한 요소였으며, 과학·기술·공학의 주요 발전들 중에는 전쟁 수행의 필요성 때문에 이루어진 것들도 많다. 전쟁을 수행하는 데는 군사기술, 다양한 무기, 장비, 구조물, 차량 등이 사용되며, 여기에는 그러한 기술을 구축하고, 전투에 사용하고, 수리 및 보충하는 데 필요한 지식이 포함된다. 전쟁의 승패는 당시 기술의 우월성을 누가 보유하고 있느냐에 의해 결정되었다고 해도 과언이 아니다.

한 가지 재미있는 예를 들면 몽골인들은 당시에 다른 사람들이 타지 않는 방식으로 말을 탈 수 있게 하는 등자(鐙子)라는 하나의 기술적 돌파구로 세계사에서 대영제국 다음가는 광대한 제국을 건설했다. 말 안장 아래에 양 발을 걸치는 발받침인 단순한 등자가 사용되면서 기마병은 말 위에서 자유롭게 움직이며 더 먼 거리를 달릴 수 있었고 힘껏 활을 당길 수 있었던 것이다.

로마제국은 지금까지 세계사에서 명멸한 나라들 중 가장 강력한 군사력을 가진 나라 중 하나이다. 문명 세계의 상당 부분을 정복하여 소위 로마제국을 이룰 수 있었던 것은 탁월한 무기와 전략, 전투에서의 용감성과 혹독한 훈련에 못지않게 그들의 혁신적인 엔지니어링과 기술력 덕분이다. 로마제국은 군사공학뿐만 아니라 건축·재료공학·토목공학의 뛰어난 기술적 우월성으로 2000년이 지난 오늘날에도 우리에게 경이로움을 주고 있다. 가장 유명한 몇 가지 예를 들면 수로, 도로, 목욕탕, 하수도 및 열 난방 시스템과 콘크리트를 들 수 있겠다.

한편 제1차 산업혁명은 획기적인 증기 동력 사용에 힘입어 18세기 후반 영국에서 시작되어 1820~40년대 사이에 유럽, 미국, 러시아 등으로 확대되었으며, 20세기 후반에 이르러서는 동남아시아와 아프리카 및 라틴아메리카로 확산했다. 산업혁명은 18세기 후반 유럽과 미국의 농촌, 농경사회를 산업화한 도시사회로 변화시켜 사람들의 일상생활에 미친 막대한 영향 때문에 인류 역사상 가장 심대한 혁명이라고 할 수 있겠다.

산업화한 국가들은 강한 육군과 해군을 이용하여 산업화하지 않은 세계의 많은 지역을 식민지로 삼고 자국의 공장에 필요한 원자재를 확보했다. 1800년에 유럽인은 세계 지표면의 약 34%를 점유하거나 지배했으며 1914년에 이르러서는 그 비율이 84%까지 증가했다.

1차 산업혁명(18세기)의 증기기관에 기반한 기계화 혁명처럼, 2차 산업혁명(19세기~20세기 초반)의 전기 에너지 기반의 대량생산화, 3차 산업혁명(20세기 후반)의 컴퓨터와 인터넷 기반의 정보화에 이은 4차 산업혁명(2015~)은 사물인터넷(IoT), 로봇공학, 가상현실(VR) 및 인공지능(AI)과 같은 기술이 우리가 살고 일하는 방식을 변화시키는 현재 및 미래를 의미한다.

전쟁의 역사는 인류 초기 문명시대에 사용했던 단순한 창과 활로부터 산업혁명에 따른 기술의 발전에 따른 총, 포, 탱크, 함정, 비행기 등을 거쳐 핵무기, 미사일, 생화학무기, 우주 무기, 스텔스 항공기, 레이저 유도 무기, 잠수함, 드론 등의 발명 및 사용으로 이어졌다. 또한 스파이전이라면 얼마 전까지만 해도 007시리즈의 제임스 본드 첩보 영화를 떠올렸는데, 이제는 21세기 정보화 시대에 걸맞게 해커들이 키보드에서 화면을 앞에 두고 총성 없는 사이버전을 벌이고 있다.

호메로스가 BC 8세기 중엽에 쓴 '오디세이'의 주인공인 이타카의 젊은 왕 오디세우스는 트로이 전쟁에 참전하여 '트로이 목마'란 계책으로 전쟁을 승리로 이끌었지만, 오늘날 트로이 목마는 컴퓨터 자료 삭제, 정보 탈취 등 사이버 테러를 목적으로 사용되는 컴퓨터 악성 코드(malware)의 대명사로 더 유명하다.

이 책은 '인류 문명사와 함께 한 과학과 인문학의 통섭'이라는 표제의 블로그에 올린 글들 중에서 전쟁과 과학에 관련한 글을 뽑아 다듬고 보완해서 단행본으로 엮었다. 과학과 기술의 발전과 전쟁의 양상, 세기의 천재 아르키메데스나 레오나르도 다빈치의 군사고문으로서의 역할, 또는 흔히들 화학자의 전쟁이라 부르는 제1차 세계대전이나 물리학자의 전쟁이라고 하는 제2차 세계대전의 대량살상 무기 개발에 참여한 과학자들의 개발과정과 고뇌 등이 오롯이 담겨 있다.

이 책의 장점을 꼽자면 각 장이 독립적이라 지루하지 않을 정도의 시간에 한 주제를 읽을 수 있다는 점이다. 특히 과학과 공학 분야에 관심을 가진 청소년들의 진로 선택에 도움이 될 수 있으면 기쁘겠다.

출판계의 불황 속에서도 열의와 사명감으로 과학책을 계속해서 출판하는 사과나무 출판사에 감사의 마음을 드린다.

저자

제1장

과학이 바꾼 전쟁

차례

제2장

우연과 필연의 과학

제3장

핵과 전쟁

제4장

전쟁의 새로운 양상

제5장

전쟁과 심리의 과학

제1장

과학이 바꾼 전쟁

01

역사를 바꾼 3건의 대전염병

올해 3월 미국에 있는 손녀랑 플로리다의 디즈니월드를 가기로 약속하고 작년 12월부터 준비 중이었는데, 중국 우한에서 코로나 바이러스가 발생했다.

처음에는 한국에 우한폐렴이 상륙했다는 소식을 들을 때만 해도 줄서서 마스크를 배급받는 상황으로 악화되리라고는 꿈에도 생각 못했다. 2015년 메르스 사태가 터졌을 때는 신문기사를 읽으면서 걱정을 했지만 내 생활에 전혀 영향을 주지는 않았기 때문이다.

2월 하순 들어 사태가 심상치 않다고 생각되어 위약금 물고 비행기 표랑 호텔 예약을 일찌감치 취소했지만 전 세계 102개국에서 한국인 입국 제한을 한다는 기사를 보고 울화가 치밀었다. 입국 제한 조치를 당하기 전에 내가 안 가겠다고 한 것이 그나마 덜 자존심 상했다고나 할까? 그런데 코로나19가 이젠 전 세계를 휩쓸고 있고 오히려 한국이 안전지대가 되니, 인간사뿐만 아니라 국가 일에서도 새옹지마인가 싶다.

우리는 인류 역사를 통해 세균과의 전쟁에서 이기는 유일한 방법은 과학을 통해서라는 것을 배웠다. 여기 과학이 힘을 못 쓰고 종교가 모든 것을 지배하던 시대의 3건의 대역병 이야기를 살펴본다.

1. 아테네 전염병(BC 430년)

기원전 431년, 델로스 동맹의 맹주인 아테네와 펠로폰네소스 동맹의 중심인 스파르타 사이에 펠로폰네소스 전쟁(Peloponnesian War)이 일어났다. 아테네 장군 페리클레스(Pericles)는 최강의 육군을 자랑하는 스파르타와의 지상전을 피하고 성벽 안에서 아테네를 사수하는 농성전술(籠城戰術)을 폈다. 그래서 아티카(Attica)의 많은 주민들은 농장을 버리고 롱월(Long Walls) 안으로 대피했다. '롱월'은 아테네와 피레우스(Piraeus) 항구를 잇는 성벽을 말한다. 전쟁 첫해 말(BC 431년) 페리클레스는 전몰자들을 추도하는 장례식에서 아테네 민주주의를 찬양하는 그 유명한 '장례식 연설(Funeral Oration)'을 한다.

장례식 연설(Funeral Oration)

스파르타의 침공으로 아테네의 많은 젊은이가 전사하자, 페리클레스는 다음과 같은 장례식 연설을 하며 아테네인들의 용기를 불러일으켰다. "행복은 자유에 있고, 자유는 용기에서 나옵니다. 전쟁의 위험 앞에서 망설여서는 안 됩니다. 자긍심을 가진 사람은 용감하게 싸우다가 죽는 것이 낫습니다."

펠로폰네소스 전쟁 2년째인 BC 430년, 스파르타 군에 포위되었던 아테네 시에 전염병이 덮쳤다. 이 전염병의 기원은 에티오피아 바로 남쪽 사하라 이남 아프리카에서 발생하여 지중해를 건너 이집트와 리비아를 거쳐 페르시아와 그리스로 남북을 휩쓸었다. 아테네의 외항이자 유일한 식량과 물자 공급원인 피레우스(Piraeus) 항구를 통해 전염병이 아테네로 유입되었는데, 도시의 성벽 안에 아테네 시민들이 밀집되어 있었기 때문에 엄청난 사망률을 초래했다.

기원전 430년 아테네의 성벽 안에서 전염병이 퍼졌다.

페리클레스는 함대를 보내 스파르타의 거점인 포티다이어(Potidaea)를 함락하려고 했지만 배에서 전염병이 발생하여 해군은 돌아올 수밖에 없었다. 그 후 3년 동안 아테네를 강타한 전염병으로 인구 대부분이 감염되어 25만~30만 명이던 아테네 인구의 대략 3분의 1이 사망했고 유능한 정치가 페리클레스와 그의 아들들도 전염병으로 죽었다. 그로 인해 아테네 노동력은 급격히 감소했으며 심지어 외국인 용병들도 전염병이 창궐한 도시에 고용되는 것을 거부했다. 전염병에 대한 두려움이 너무 광범위하게 퍼져 있어서 군대마저 병든 적과 접촉하는 위험을 꺼려했기 때문에 스파르타는 아티카(Attica) 침공을 포기했다.

아테네의 장군이자 역사학자인 투키디데스(Thucydides)는 기원전 430년에 발생한 이 전염병의 목격자로, 그의 기념비적인 저서 〈펠로폰네소스 전쟁사〉에서 이 질병의 정체를 후대 사람들이 밝혀낼 수 있도록 상세한 설명을 남겼는데, 그가 묘사한 발병의 증상은 머리에 고열이 나고, 눈이 충혈되며, 목구멍에서 출혈 현상이 나타났고, 그 다음으로는 재채기, 구토, 그리고 참을 수 없는 갈증과 격렬한 경련으로 이어졌다.

뿐만 아니라 투키디데스는 2500년 전이라는 시대를 고려하면 전염병학에 관한 놀랄 만한 통찰력을 보여주고 있다.

첫째, 투키디데스는 아테네에서 인구가 가장 많은 밀집지역이 전염병 희생자들의 비율이 가장 높다는 점에 주목했다.

둘째, 의사들이 환자에 가장 많이 노출되기 때문에 전염병에 걸릴 위험성이 가장 높다고 지적하고 있다. 게다가 아테네의 포티다이어

포위 작전(BC 430~429) 동안 추가로 파병된 아테네 병사들에 의해서 원래 그곳에 있던 아테네 병사들이 전염된 것을 보고 투키디데스는 전염병이 한 장소에서 다른 장소로 전염될 수 있다고 보고했다. 또한 '아테네 전염병'의 사회적 함의를 생생하게 다음과 같이 묘사한다.

> "…the catastrophe was so overwhelming that men, not knowing what would happen next to them, became indifferent to every rule of religion or law."
>
> (…사람들은 대재앙에 너무나 압도당하여, 다음에 어떤 일이 그들에게 일어날지 알지 못해 모든 종교나 법의 규정에 무심해졌다."
>
> – 투키디데스, 〈펠로폰네소스 전쟁사〉 중에서

투키디데스는 이 무서운 전염병으로 인하여 사람들이 이미 사형 선고를 받고 살고 있다고 느꼈기 때문에 법을 두려워하지 않게 되고, 돈을 무분별하게 쓰기 시작했으며, 또한 신을 경건하게 믿는 것과 병에 걸리는 것은 상관없다고 생각해 종교에 대한 불확실성과 회의를 갖게 되었다고 말한다.

그러나 투키디데스의 상세한 설명에도 불구하고, 지난 100년 동안 아테네 전염병의 병원균으로 30여 개가 제시되었지만 학자들과 의사들 사이에 이 병명에 대한 논란은 계속되었다. 1999년 1월, 메릴랜드 대학에서 열린 제5차 연례의학대회에서 아테네인 및 군대와 정치 지도자 페리클레스를 죽게 한 질병이 발진티푸스라고 결론을 내렸지만 아직도 연구는 계속되고 있다.

결론적으로 서양 역사와 문화에서 아테네와 투키디데스가 차지하는 위상 때문에 아테네 전염병은 지난 2500년 동안 서양의 역사에서 중요한 사건으로 자리매김해 왔다.

2. 유스티니아누스 대유행병(Plague of Justinian, 541–542)

로마제국의 멸망 이후, AD 527년 고대 세계에서 슈퍼 파워는 비잔틴 제국이었다. 당시 황제였던 유스티니아누스 1세(Justinian I, 재위 527~565)는 제국 전역에 성 소피아(Hagia Sophia) 성당을 비롯한 수많은 대형 건물을 짓고, 옛 서로마가 빼앗겼던 땅을 되찾기 위해 야

유스티니아누스 1세

심차게 군사작전을 펼쳐 고대 로마의 무너진 영광을 되찾으려 했다.

유스티니아누스는 집권 초 이탈리아를 지배하기 위해 동고트족과 싸웠고(535~540, 541~552), 북아프리카를 지배하기 위해 반달족과 베르베르인과 싸웠으며(533~534), 프랑크족, 슬라브족, 아바르족, 그리고 다른 야만족들의 침략에서 비잔틴 제국을 잘 지켜냈다.

그러나 영광스런 그의 이름은 '유스티니아누스 전염병(Plague of Justinian)'이라는 치명적인 재앙에도 붙여졌는데, 이는 그의 재위 기간에 대전염병이 발생하였기 때문이다. 유스티니아누스 자신도 병에 걸렸지만 간신히 살아남았다.

중국과 인도 북동부에서 시작된 페스트(Yersinia pestis, 페스트를 일으키는 원인균)는 육로와 해상 무역로를 통해 아프리카의 대호수(大湖水) 지역으로 옮겨갔으며 비잔틴 제국의 확립된 무역 루트를 따라 에티오피아에서 이집트로 전파되었다. 541년, 이집트에서 온 곡물선에 서식하던 페스트균에 감염된 쥐에 의해 이 대전염병은 처음으로 비잔틴(동방 로마) 제국의 외곽 지역에서 발생했는데 542년에는 수도 콘스탄티노플에서 감염자가 발생하여 끔찍한 결과를 초래하며 북아프리카와 중동으로 확산되었다.

역사학자들은 병사와 전쟁을 지원하는 보급선이 전염병을 매개하는 쥐와 벼룩의 이동수단으로 작용했다고 주장한다. 이 전염병은 북

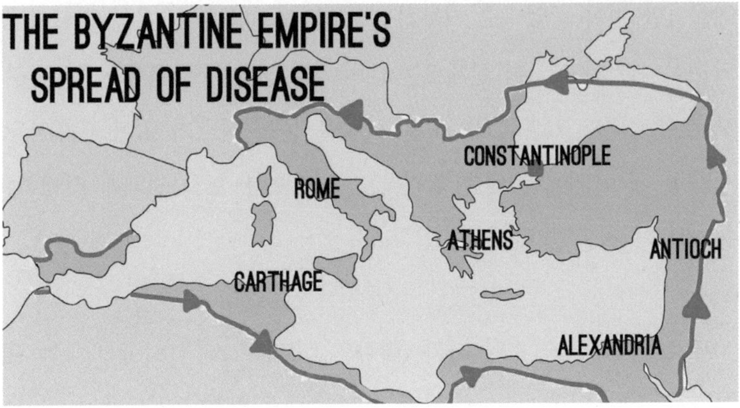

542년 발생한 페스트의 전염 경로.
중국과 인도 북동부에서 발생한 페스트는 콘스탄티노플에서 끔찍한 결과를 초래했다.

유럽이나 시골지역에는 전파되지 않았는데, 이는 주요 항구와 배에 서식하는 쥐가 감염된 벼룩의 주요 매개체임을 시사하고 있다. 이 전염병은 콘스탄티노플에서 약 4개월 동안 지속되어, 인구의 거의 절반이 사망하였다. 그 후 대략 200년 동안 주기적으로 재발하여 사산 제국과 지중해 전역의 항구 도시들을 휩쓸고 다니다 마침내 750년에 사라졌다.

이 시기의 중요한 정보는 비잔틴 제국의 명장 벨리사리우스(Belisarius)의 고문으로 전쟁에 참여한 역사학자 프로코피우스(Procopius, 490~562)에 의해 기록으로 남겨졌다. 그는 대부분의 군사작전 동안 벨리사리우스와 함께하며, 투키디데스를 모델로 한 책 〈전쟁의 역사(History of Wars)〉에서 자신의 경험을 자세히 적고 있다.

프로코피우스는 전염병이 최고조에 달했을 때 콘스탄티노플에서 매일 1만 명이 죽었다고 기록하고 있다. 하지만 그 숫자의 정확성에 의문이 제기되고 있어 실제로는 대략 5천 명이 매일 목숨을 잃은 것으로 추정되고 있다. 그는 죽은 사람을 묻을 장소가 없어 장례식을 생략한 채 야외에 시체를 쌓아놓고 있었으며, 도시 전체에 시체 썩는 냄새가 진동했다고 적고 있다.

프로코피우스는 그의 저서 〈역사의 비밀(Secret History)〉에서 환자들은 오한, 발열, 섬망에 시달리고, 점차 허벅지나 겨드랑이, 귀 뒤에 종양이 거의 주먹 크기로까지 부풀어 올라 종국에는 이것이 터지면서 피고름이 흘러나와 극심한 고통을 받는 것으로 묘사하고 있다. 또 어떤 환자들은 혼수상태에 빠지거나 매우 망상적이 되었으며 많은 환자들이 며칠 안에 사망했고 일부 환자들은 증세가 나타나자마자 죽었다고 기록했다. 현대 전문가들은 프로코피우스의 이 묘사를 기초로 이 역병이 '림프절 페스트(가래톳 흑사병, bubonic plague)'의 최초의 사례라고 말한다.

이 전염병은 치명률이 높아 그로 인해 인구가 급감하고 농촌이 황폐화되었다. 그러나 전쟁과 성소피아 성당의 재건으로 돈에 쪼들린 유스티니아누스 황제의 무자비한 대응에 대해 프로코피우스는 다음과 같이 기록하고 있다.

"전염병이 세계 전역으로, 특히 로마제국을 휩쓸고 지나가면서 그 여파로 대부분의 농촌이 황폐화되었을 때, 유스티니아누스 황제는 파산한 '자유토지 보유권자(freeholders)'들에게 자비를 베풀지 않았다. 그는 각 개인에게 매긴 세금뿐만 아니라 사망한 이웃이 책임져야 할 세금까지 납부할 것을 요구했다."

덧붙인다면 프로코피우스는 〈역사의 비밀〉에서 대역병이 발발한 것은 유스티니아누스가 악마이거나 또는 그가 악행을 일삼는 것에 대해 신으로부터 벌을 받는 것이라고 비난했다.

어쨌든 '유스티니아누스 페스트'는 역사상 가장 치명적인 전염병 중 하나로, 두 세기에 걸쳐 재발을 거듭하는 동안 약 2500만~5000만 명을 사망케 했는데, 이는 첫 발병 당시 세계 인구의 13%~26%에 달한다. 무덤에서 발견된 뼈의 DNA 분석에 따르면, 유스티니아누스 통치기간 동안 비잔틴 제국을 강타한 전염병은 14세기 '흑사병(black death)'과 사촌인 림프절 페스트(Yersinia pestis)로 확인되었다.

유럽과 기독교 역사에 끼친 '유스티니아누스 페스트'의 장기적인 영향은 심대하여, 급격한 인구의 감소는 군대의 유지와 제국의 방위에 영향을 주었을 뿐만 아니라 농업과 무역의 붕괴로 국가와 군사기구를 유지하는데 필수적인 세금 수입이 크게 감소했다. 그 결과 비잔틴 제국의 경제 및 행정구조도 붕괴하기 시작하여, 결국 유스티니아누스 대전염병은 유럽의 암흑시대를 초래하게 된다.

3. 페스트- 제2차 팬데믹(1350)

1300년대 중반 아시아와 유럽을 강타한 림프절 페스트(Bubonic Plague) 또는 페스트(Pestilence, 또는 약어로 pest)는 인류 역사에서 최악의 팬데믹(Pandemic, 대유행병)으로 기록된다. 6세기경, 동로마의 유스티니아누스 황제 때 발생한 전염병인 림프절 페스트에 의한 첫번째 팬데믹에 이은 2차 팬데믹이다.

전신의 피부가 검게 변하며 죽기 때문에 이름 붙여진 흑사병은 1347년 10월 흑해에서 온 12척의 배가 시칠리아(Sicilian)섬 북동쪽에 있는 항구 메시나(Messina)에 정박하면서 유럽에 도착했다. 선착장에 모인 사람들은 소름끼치는 장면에 경악했다. 배에 타고 있던 대부분의 선원들은 죽었고 그나마 살아 있는 선원들마저도 중병에 걸려 온몸은 피와 고름이 배어나오는 검은 종기로 뒤덮여 있었다. 시칠리아 당국은 급히 '죽음의 배' 선단을 항구에서 나가라고 명령했지만 이미 때는 늦었다.

1347년에서 1351년까지 4년 동안 유럽 인구의 거의 50%에 해당하는 사람들이 흑사병으로 목숨을 잃었다. 일반적으로 당시 유럽의 인구 규모가 대략 8천만 명이라고 추정하면 흑사병으로 약 4천만 명이 죽었다는 것을 의미한다. 이후 8년에 한번 꼴로 흑사병이 발생하여 유럽 전체 인구의 4분의 3을 휩쓸고 지나가 이전 수준으로 유럽 인구가 회복되기까지 200년이 걸렸다. 그 결과 세계사, 특히 유럽사에서 흑사병은 농업, 종교, 정치, 사회, 생물, 경제, 심지어 예술 분야에 이르기까지 매우 광범위하고 심대한 영향을 미쳤다.

흑사병의 증상

흑사병은 페스트균(Yersina Pestis)에 의해 발생하는 급성 열성 감염병이다. 페스트균에 감염된 설치류(쥐, 고양이, 토끼, 다람쥐)에 주로 기생하는 벼룩이 이들의 피를 빨아먹는 동안 페스트균에 감염되고 사람이 이 벼룩에 물리면 페스트균에 감염된다.

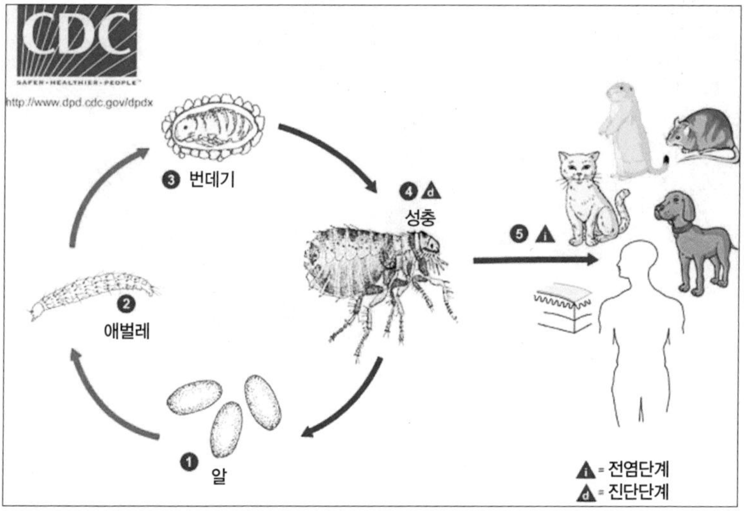

페스트균에 감염된 설치류(쥐, 고양이, 토끼, 다람쥐)에 기생하는 벼룩이 피를 빨아먹는 동안
페스트균에 감염되고 이 벼룩이 사람을 물면 페스트균에 감염된다.

페스트는 증상에 따라 림프절(bubonic) 페스트, 패혈성(septicemic) 페스트, 폐렴(Pneumonic) 페스트의 세 가지 형태로 구분된다.

가장 흔히 발병하는 페스트는 림프절 페스트로 전체 발병률의 75%에 달한다. 1~6일간의 잠복기를 거친 후 고열, 구토, 오한, 두통, 근육통, 관절통 등의 초기 증상이 나타난다. 증상이 발생한 후 페스트균이 목, 겨드랑이, 사타구니 등에 있는 림프절을 공격하여 심하게 부어오르며 통증을 느끼게 된다. 증상이 진행됨에 따라 얼굴과 손발의 피부가 검게 변하기 때문에 흑사병이라 부른다.

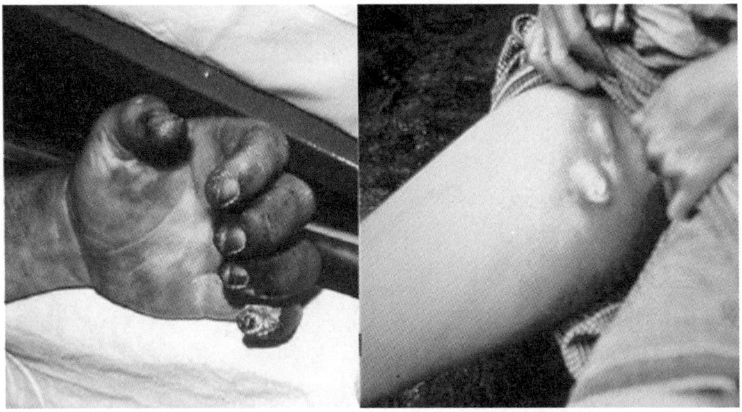

페스트에 걸리면 피부가 검게 변하기 때문에 흑사병이라고 부른다.

폐렴페스트는 두 번째로 발병률이 높은데 원인균이 폐를 공격하여 폐부종을 일으키며 사망률이 95%에 달할 정도로 치명적이어서 발병 후 8일 이내에 80% 이상이 사망한다. 그리고 패혈성페스트는 원인균이 혈액에 직접 침투하여 일어나며 극히 드문 경우에만 나타나나 발병할 경우 짧은 시간 안에 사망하게 된다.

무역로가 흑사병의 전염경로가 되었는가?

흑사병이 유럽까지 전파된 데에는 여러 가지 가설이 있지만 대부분의 역사학자들은 실크로드와 몽골 제국이 관련되어 있다고 말한다. 중국(몽골족이 중국을 정복하고 세운 원나라)과 내륙 아시아에서 시작된 흑사병은 대상들(Caravan)에 의해 실크로드 서쪽 종점에 있는 카파(Kaffa, 지금의 페오도시아(Fedosiya))까지 전파되었다. 1347년, 몽골군이 크림반도 남쪽 해안에 위치한 카파의 제노바(Genoa)무역항을 포위 공격하고 있는 동안 흑사병으로 몽골군은 떼죽음을 당한다. 당시 베니스와 제노바와 같은 이탈리아 도시국가들은 지중해 동부와 흑해에 무역항들을 가지고 있었으며 무역은 이 도시국가들을 유럽에서 가장 부유한 도시로 만들었다.

몽골제국의 네 칸국들 중 하나인 킵차크 칸국의 자니베크 칸(Janibeg)은 자신의 병력이 무너지자, 죽은 병사의 썩은 시체를 투석기에 담아 성벽 안으로 던지고 우물에 집어넣어서 주위에 악취가 진동하였다. 이 전략은 흑사병을 최초의 생물학 무기로 사용한 사례로 거론된다.

그 결과 도시에 흑사병이 퍼지고 카파(Kaffa)로부터 탈출한 상선들이 1347년 10월, 시칠리아(Sicily)의 메시나(Messina)항에 도착하면서 유럽에 페스트가 전파되기 시작했다. 11월 초에 이르러서는 이탈리아 본토로 확산되어, 유럽 무역의 중심지인 제노바, 피사, 베니스가 상당한 타격을 입었으며 결국 유럽 전역으로 확산된다.

한편 감염된 벼룩을 몸에 지닌 검은 쥐들은 주로 상선들에 서식하고 있었는데 이 상선들이 비잔틴 제국의 수도 콘스탄티노플(Constantinople, 오늘날 터키의 이스탄불)에 도착하면서 전염병은 도시에 끔찍한 결과를 초래하며 북아프리카와 중동으로 확산되었다.

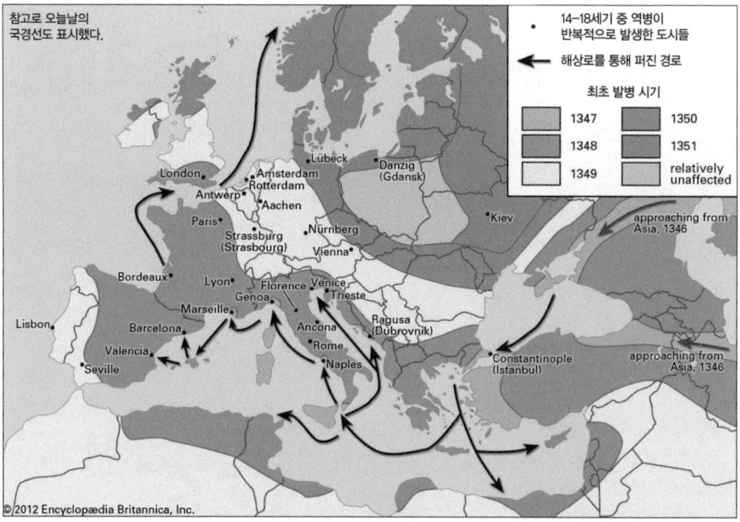

14세기에서 18세기까지 반복적으로 흑사병이 발생한 도시들을 작은 점으로 표시했으며
해상로를 따라 전염병이 퍼져나간 방향은 화살표로 나타냈다.

페스트가 유럽에 전파된 1347년부터 4년 동안 유럽 인구의 거의 50%에 해당하는 4000만 명이 그들의 재산, 사회적 지위, 또는 종교적 신앙심과는 상관없이 무차별적으로 죽었다. 전염병은 매우 빠르게 진행되어 환자는 고열, 발진이 나고 목, 겨드랑이와 사타구니가 부풀어 올라 종기가 터지면서 고름과 검은 피가 흘러나오고, 온몸이 군데군데 검은 자주색으로 변하면서 며칠 지나지 않아 죽었다. 림프절 페스트는 가족, 집, 마을, 그리고 도시를 무서운 속도로 휩쓸고 지나가면서 여러 분야에서 유럽의 역사적 흐름을 바꾸어 놓았다.

흑사병 창궐의 여파

당시는 과학이 발달되지 않고 가톨릭이 지배하는 시대라 아무도 페스트가 어떻게 환자에서 다른 사람한테 전염되는지 알지 못했을 뿐 아니라 환자를 어떻게 치료해야 하는지, 병에 걸리지 않으려면 어떻게 해야 하는지 알지 못했다. 의사들은 피를 뽑거나 종기를 째서 고름을 짜는 원시적 기술에 의존하거나 또는 향기로운 약초를 태우거나 장미수나 식초에서 목욕하는 것과 같은 미신적인 행위들을 시행했다. 많은 의사들이 환자를 치료하다 병에 걸리자 그들도 환자 치료를 거부했다.

흑사병이 유행하고 수많은 사망자들이 발생하자 도시가 봉급을 지불하면서 전문적으로 흑사병 환자만 다루는 의사를 고용하였다. 17세기에는 이 흑사병 의사(plague doctor)를 보호하기 위해 프랑스 루이 13세의 수석 의사인 샤를 드 로름(Charles de Lorme)이 특별한 복장을 고안했다.

아래 그림은 17세기형 방호복으로, 오염된 공기로부터 흑사병 의사를 지키기 위하여 강한 냄새가 나는 향료(주로 라벤더)를 채운 새부리와 작은 유리창이 달린 가면 및 장갑, 장화, 챙 달린 모자, 겉옷과 지팡이로 이루어졌다.

17세기 흑사병으로부터 의사를 보호하기 위해 고안된 방호복

전형적으로 그들은 3류 의사이거나 돌팔이 의사로 그들이 하는 일은 환자를 치료한다기보다는 인구통계학적 목적으로 병에 걸린 사람들의 수를 기록하는 것이었다.

많은 사람들은 흑사병이 인간이 지은 죄에 대한 일종의 신의 징벌이며 이를 극복하는 유일한 방법은 신의 용서를 얻는 것이라고 믿었다. 그들은 특히 예수를 죽게 한 유대인이 신의 분노를 불러왔다고 믿어 흑사병이 창궐한 1348~1349년 사이에만 희생양으로 학살당한 유대인 수가 수천 명에 이르렀다.

그런가 하면 일부 사람들은 스스로에게 육체적 고통을 가하는 행위를 함으로써 참회하고자 하였다. 아래 그림에서 보는 채찍질 고행단(Flagellants)은 몸에 스스로 채찍질을 하거나 때로는 서로를 때리기도 하면서 마을에서 마을로 돌아다녔는데, 이렇게 함으로써 신의 분노를 누그러뜨려 병이 치료될 것이라는 희망을 가졌다. 채찍질의 상처에서 흘러나온 피가 묻은 천 조각은 성스러운 물건으로 취급했다.

채찍질 고행단

그러나 종교가 질병의 확산과 가족의 고통을 막는 데 아무것도 할 수 없다는 것을 깨닫게 되면서 신과 교회의 권위가 실추되었고, 또한 많은 성직자들도 페스트로 죽어 상당한 지역에서 예배가 중단되었다.

페스트가 끼친 경제적·사회적·문화적 영향

유럽 인구의 거의 절반이 전염병으로 죽자, 당장 노동력 부족이라는 심각한 상황에 직면하게 된다. 경작해야 할 토지는 많은데, 노동력 부족으로 임금이 치솟고 땅값은 싸져 파산하는 지주가 늘어났다. 노동집약적인 곡물농사보다는 노동력이 덜 드는 목축업으로 바꾸거나 아예 경작을 포기하여 버려진 마을이 많이 생겼다. 이러한 변화로 봉건 영주들이 소유한 토지에 예속되었던 농노라는 세습적 구분도 없어지게 되고, 사회의 엄격한 계층화에 새로운 변화가 일어났다.

한 예로 이탈리아 르네상스 문화의 주요한 후원자인 메디치(Medici) 가문은 투스카니(Tuscany)의 무젤로(Mugello) 농촌지역이 근거지였지만 흑사병 직후 플로렌스(Florence)로 이주했다. 그들은 처음에 양모 거래로 재산을 모은 다음 은행업에 진출하여 엄청난 부를 쌓았다. 메디치 가문은 4명의 교황과 2명의 섭정 여왕을 배출했는데, 흑사병으로 인한 사회적, 경제적 격변이 없었다면 이러한 신분상승이 가능했을까?

그뿐만 아니라 상속법에도 변화가 생겨, 전염병 이전에는 아들들과 특히 장남만이 조상의 재산을 상속받았으나 이후는 모든 아들들과 딸들이 재산을 상속받기 시작했다.

흑사병은 예술과 문학에도 지대한 영향을 끼쳐 1350년 이후 유럽 문화는 매우 병적으로 변했다. 일반적인 분위기는 염세주의가 주를 이루고, 당대 미술은 죽음의 표현으로 암울해졌다. '죽음의 무도회'가 주는 이미지는 닥치는 대로 죽음(해골)이 희생자를 선택하는 모습을 그리고 있다.

흑사병은 예술에도 암울한 영향을 끼쳤다. '죽음의 무도회'

흑사병과의 전쟁에서 과학이 승리하다

르네상스기간 동안에 인간성의 해방과 인간의 재발견, 그리고 합리적인 사유가 중시되면서 1550년~1700년 사이에 과학혁명이 일어난다. 과학에서의 신(神)의 중요성은 대부분 무효화되고, 그 대신 과학적 방법으로 실험의 중요성이 강조되었다. 결국 1674년 안톤 반 레벤후크(Anton van Leeuwenhoek)의 현미경 발명은 전염병에 대한 더 나은 이해를 발전시키는 토대를 제공하여 미생물학의 시대를 열었다.

1876년 로버트 코흐(Robert Koch)가 탄저병(anthrax)의 병원체로 탄저균(Bacillus anthracis)을 발견한 후에야 히포크라테스 시대부터의 전염병 발생설인 포말전염설(泡沫傳染說, Miasma theory)을 마침내 잠재웠다. 그러나 코흐의 발견 후, 페스트의 미스터리가 마침내 해결되기까지는 다시 20년이 더 지나야 했다.

파스퇴르 연구소의 프랑스 세균학자이며 의사인 알렉상드르 예르생(Alexandre Yersin)은 1894년 제3차 페스트 팬데믹 동안 페스트균을 분리하고 이 질병을 치료하는 치료제 항혈청을 개발하였으며 벼룩과 쥐가 전염병을 퍼뜨렸을 가능성을 최초로 제시했다.

예르생을 기념하기 위하여 페스트균을 예르시니아 페스트(Yersinia pestis)로 이름 붙였다. 이제 과거에 맹위를 떨쳤던 페스트는 항생제의 발달로 인하여 사람들의 기억에서 사라져갔다.

02

제2차 세계대전을 승리로 이끈 페니실린

– 플로리와 페니실린 정제

오늘날은 상상하기 어렵지만, 항생제 발명 이전에는 작은 상처도 치명적일 수 있었다. 1928년 알렉산더 플레밍(Alexander Fleming, 1881~1955)이 최초로 페니실린을 발견하고 1939년 옥스퍼드 대학의 플로리(Howard Walter Florey) 팀이 페니실린 정제에 성공함으로써 마침내 항생제 시대가 열려 치료의학의 큰 발전을 가져온다.

플레밍은 미생물의 일종인 푸른곰팡이에서 만들어지는 페니실린이 박테리아를 죽이는 기능이 있다는 것을 우연히 발견한다. 오랜 기간 방치해둔 빵이나 귤, 오렌지, 레몬 같은 과일에서도 페니실륨 곰팡이(Penicillium mold)가 생긴 것을 종종 볼 수 있다.

이후 실험에서 플레밍은 곰팡이의 분비물이 많은 박테리아들에 대항하여 활동하지만, 페니실린의 성분을 알 수 없고 불안정하며 또

알렉산더 플레밍

한 항균 활동이 단명하다는 것을 발견하고, 1935년 페니실린에 대한 연구를 중단한다. 그러나 그의 1929년 영국 학술지 실험병리학 논문은 1938년 플로리와 함께 일하던 생화학자인 에른스트 체인(Ernst B. Chain, 1906~1979)의 눈을 사로잡았다.

호주의 병리학자 하워드 플로리(Howard Walter Florey, 1898~1968), 독일 태생의 영국 생화학자 체인과 옥스퍼드 대학의 병리학과의 동료들은 페니실린이 박테리아와 싸우는데 가장 효과적이라는 결론을 내리고, 1939년 페니실린을 실험실에서의 학문적 호기심에서부터 목숨을 구하는 기적의 약으로 만드는 본격적인 연구에 착수했다.

그런데 1939년은 제2차 세계대전이 발발하던 해여서, 특히 전시 상황이 연구를 지속하기 힘들게 만들었다. 한편 1940년, 플로리의 연구팀에 생화학자 히틀리(Norman George Heatley)가 합류하여 페니실린 시료의 활성도를 측정하는 새로운 기법을 고안해내고, 배양액에서 페니실린을 효율적으로 정제하는 역추출(back extraction) 방법을 개발한다.

플로리 팀은 페니실린이 중요한 항생제로서 사용될 수 있는가를 시험하려고, 1940년 5월 치명적인 연쇄상 구균에 감염된 쥐에 페니실린을 주사했다. 감염된 쥐들 중 페니실린을 주사한 쥐는 모두 회복되었으나 주사하지 않은 쥐는 전부 죽었다. 이와 같은 중요한 실험 결과를 얻자 플로리는 효율적인 감염치료는 영국의 전쟁수행에 매우 중요한 기여를 할 것이며, 따라서 대량생산이 필요하다는 것을 깨닫는다.

그러나 동물실험과 임상실험을 계속하려면 곰팡이 여과액을 일주일에 500리터는 만들어야 한다. 그들은 처음엔 욕조, 요강, 큰 우윳병, 음식 담는 깡통과 같은 각양각종 배양용기들을 닥치는 대로 사용하여 곰팡이를 배양하였으며, 나중에야 발효용기를 주문제작 했다. '페니실린 소녀들'이라고 이름 붙여진 한 팀의 소녀들이 일주일에 2파운드를 받고 발효 과정을 지켜보면서 옥스퍼드 연구실은 난데없이 갑자기 페니실린 공장으로 바뀐다.

곰팡이를 배양하는 페니실린 소녀들

플로리는 임상실험을 할 만한 양의 페니실린이 준비되었다고 생각하여 사람을 대상으로 임상실험에 들어간다. 1941년 2월 장미를 가지치기 하다가 가시에 찔려 입 근처에 상처를 입게 된 43세의 경찰관이 최초로 옥스퍼드-페니실린의 수혜자가 되었다. 서정적 시인의 대명사, 독일 시인 라이너 마리아 릴케 (Rainer Maria Rilke)가 장미 가시에 찔려 사망했다고 하던가? 바로 이 경찰관도 눈, 얼굴, 그리고 폐에 엄청난 농양이 생겨 목숨을 위협하는 패혈증에 걸렸다. 그에게 페니실린을 정기적으로 나흘 동안 주사하자 상당한 호전을 보였으나 완치되기 전 페니실린이 다 떨어져 2주일 후 경찰관은 죽고 말았다.

그래도 임상실험에서 다른 환자들로부터는 좀 더 좋은 결과를 얻자, 플로리는 페니실린이 보여준 가능성과 잠재력을 확인할 수 있었고, 기대에 부응하는 치료적 용도의 약으로 적정한 양을 공급하려면 페니실린의 대량생산이 필요하다고 생각한다.

제2차 세계대전과 페니실린의 대량생산

플로리는 영국에서는 모든 화학 공장이 전쟁물자 생산에 동원되었기 때문에, 페니실린의 대규모 생산은 불가능하다고 생각하고 1941년 여름, 페니실린을 미국의 제약회사에서 대규모로 생산할 수 있는지 알아보기 위해 미국으로 간다. 그들은 가장 유명한 균류학자이며 페니실륨 곰팡이의 권위자인 농업국의 톰(Robert Thom)을 소개받게 되고, 결국은 발효 부문에서 전문성을 인정받고 있는 일리노이주 피오리아(Peoria)에 위치한 북부지역연구실(Northern Regional Research Laboratory: NRRL)의 발효과(醱酵課)와 연결되었다. NRRL은 나중에 페니실린의 대량생산을 가능하게 하는 여러 가지 혁신책에 중요한 역할을 함으로써 프로젝트 성공에 결정적 기여를 한다.

1941년 12월 7일 일본 제국의 진주만 공격으로 제2차 세계대전에 참전하게 된 미국 정부는 페니실린에 관심을 갖게 되었다. 이전의 전쟁에서 군인들은 상처 자체보다 상처 부위의 감염으로 사망할 가능성이 더 높았기 때문에 미국 정부는 사상자를 줄일 수 있는 것은 무엇이 되든지 간절히 바라고 있어 페니실린 생산을 우선순위로 정했다.

나일론이 실험실에서 처음 합성되어 상업적으로 대량생산되기까지는 다년간 생상공정상의 수많은 난관을 겪어야 했듯이, 페니실린의 대량생산이라는 도전은 너무나 어렵고 벅찬 과제였다. 1942년, 첫 번째로 연쇄상 구균에 의한 패혈증에 감염된 환자를 머크(Merck & Co.)에서 만든 US-페니실린으로 치료하였는데, 전체 공급량의 1/2을 이 환자를 위해서 써야만 했다. 1942년 6월에 미국에서 보유한 페니실린은 단지 10명의 환자를 치료하기에 충분한 정도에 불과한 양이었다.

1943년 7월에는 전시생산국(War Production Board)에서 유럽에서 싸우는 연합군용으로 페니실린 대량생산을 위한 계획을 세우고, 많은 화학회사와 제약회사들이 여기에 참여한다. 생산 규모가 커질수록 머크(Merck), 화이자(Pfizer), 스큅(Squibb)과 다른 제약회사들에서 근무하는 과학자들과 엔지니어들은 새로운 기술적 도전에 직면하게 되었다.

페니실린 생산 규모를 확장하는 데 있어서는 파일럿 플랜트로부터 대규모 생산을 위해 액침발효(Submerged fermentation) 과정의 필연적인 문제들을 해결하는데 제약회사나 화학약품 회사들이 특별히 중요한 역할을 했다. 화이자의 스미스(John L. Smith)는 생산규모 확장 과정에서 회사가 직면한 복잡하며 불확실한 상황에 대해 다음과 같이 묘사했다. "곰팡이는 오페라 가수처럼 신경질적이고, 수득률은 낮으며, 분리는 매우 어렵고, 추출은 살인적이며, 정제는 재앙

1944년 뉴욕 브루클린에 위치한 화이자에서 페니실린의 대량생산 시대를 열었다.

을 부르고, 분석 결과는 만족스럽지 못하다".

진공상태에서 냉동건조 하는 것이 페니실린을 실제로 사용할 수 있는 안정하고 소독된 형태로 정제하는데 가장 좋은 결과를 가져왔다. 발효, 회수(recovery), 정제(purification) 그리고 포장의 각 단계들에서 페니실린의 파일럿 생산에 참여하고 있는 화학자, 엔지니어들의 협동적인 노력으로, 마침내 1944년 3월 1일 뉴욕 브루클린에 위치한 화이자가 액침배양액(submerged culture)으로 페니실린을 대규모로 생산하는 최초의 상업 플랜트를 열었다.

위에서 언급했던 회사들은 전시생산국(戰時生産局)으로부터 생산 목표를 달성하기 위한 건축자재나 다른 필수품을 최우선으로 공급받았으며, 중요한 목표 중의 하나는 예정된 유럽 상륙작전 개시일(D-day)에 맞춰 적절한 페니실린 보급량을 확보하는 것이었다.

한편, 군대와 민간 부분에서의 임상실험 연구는 페니실린의 치료효과를 확인했으며, 이 약은 특히 연쇄상구균, 포도상구균, 임질균 감염을 포함한 광범위한 감염병 치료에 매우 효과적이었다. 미군은 외과수술이나 상처 감염의 치료나 매독 치료에 페니실린의 가치를 인정하여 1944년까지는 영국과 미국 군인의 1차 치료에 페니실린이 사용되었다.

다행스럽게도 1944년 초에는 페니실린 생산량이 극적으로 증가하여 미국에서의 생산량은 1943년 연간 210억 단위에서 1944년에는 1조 6630억 단위, 1945년에는 6조 8천억 단위 이상을 생산하게 되며, 그 후 이 기적의 약은 민간인도 사용할 수 있을 만큼 충분하게 생산된다. 생산기술도 1리터 플라스크로부터 1%보다 적은 수득률에서 1만 갤런(gallon) 탱크에서 80~90%의 수득률을 낼 정도로 규모와 정밀도에서 혁신적으로 발전했다.

제2차 세계대전(1939-1945) 동안 페니실린은 폐렴, 패혈증에 의한 사망이나, 부상에 따른 사지 절단을 현격하게 줄이는 데 중요한 역할을 하여 연합군 병사의 12~15%의 생명을 구할 수 있었다. 그래서 제2차 세계대전을 연합군의 승리로 이끈 과학기술적인 요인으로 원

페니실린의 발견과 상용화로 플레밍, 체인, 플로리는 1945년 노벨생리의학상을 공동 수상했다.

자탄, 레이더, 합성고무, 그리고 페니실린의 개발을 손꼽는다.

1945년, 플레밍은 페니실린을 만드는 곰팡이의 항생제 성질을 처음 발견한 공로로, 그리고 플로리와 체인은 유용한 페니실린을 정제하여 치료제로 사용하게 만든 공로로 세 사람은 노벨생리의학상을 공동수상했다.

페니실린은 매독, 임질, 결핵, 괴저(壞疽), 폐렴, 디프테리아, 성홍열과 같은 무서운 질병을 정복하면서 세계에서 가장 효과적인 생명을 구하는 약이 되었으며, 1942년 처음 사용되면서부터 지금까지 최소 2억 명의 생명을 구한 것으로 추정된다. 이후 1946년에 영국의 도로시 호지킨(Dorothy Hodgkin, 1964년 노벨 화학상)이 X-Ray를 사용하여 페니실린 구조를 밝혀, 과학자들이 다른 항생제를 개발하는 데 큰 도움을 주었다.

03

화학무기 100년의 역사

– 프리츠 하버의 염소가스와 슈라더의 사린가스

시리아 내전에서 사용한 신경가스와 김정남을 살해하는 데 쓰인 독극물로 인해 화학무기에 대한 관심이 고조되고 있다. 사전적 정의의 화학무기란 유독성 화학물질—소이제(燒夷劑), 연기, 자극성 물질, 독약, 또는 질식가스 등— 또는 이를 충전한 무기를 말하며, 화학전(Chemical Warfare: CW)은 화학 물질의 독성을 무기로 사용한다. 이러한 유형의 전쟁은 핵(Nuclear) 및 생물학적(Biological) 전쟁과는 별개이며 NBC는 화생방전, 즉 핵, 생물학전, 화학 전쟁(또는 무기)의 약어로 대량살상무기(Weapons of Mass Destruction: WMD)로 간주되고 있다.

종종 '가난한 자의 폭탄'으로 불리는 화학무기는 상대적으로 적은 비용이 들지만 심각한 심리적, 육체적 영향을 초래할 수 있고 혼란의 매개체가 될 수 있다.

(왼쪽부터)핵전쟁, 생물학 전쟁, 화학 전쟁을 상징하는 로고

화생방무기 방호복, 핵전쟁, 생물학 전쟁, 화학 전쟁은 대량살상 무기로 간주된다.

현대의 화학무기는 제1차 세계대전 중에 참호전(trench warfare)의 교착 상태를 풀기 위해 도입되었지만 이들은 지형과 날씨 변화의 영향을 받는 문제점이 있다. 따라서 군수품들이 더욱 정교해짐에 따라 화학무기의 전술적 이점은 약화되고 있어, 오늘날 화학무기는 전투에서의 승리보다는 공포심을 불러일으키는 데 더 많은 기여를 하고 있다. 이들의 무분별하고 예측 불가능한 성향은 때로는 끔찍한 결과와 함께 매우 효과적인 공포의 무기가 되고 있다. 여기서는 화학물질이 처음으로 대량살상용 무기로 사용된 후부터 100년의 역사를 돌아보기로 한다.

화학무기 100년의 역사

지난 2015년 4월 22일은 전쟁에서 최초로 화학무기를 대량으로 사용한 지 딱 100년이 되는 해이다. 1915년 제1차 세계대전 중 당시 노벨상 수상자를 포함하여 화학분야에서 가장 뛰어난 과학자들이 새로운 대량살상무기를 개발했다.

제1차 세계대전 중, 이프르 전투에서 프리츠 하버가 독일군의 독가스 공격을 지휘하고 있다.

제1차 세계대전 중인 1915년 4월 22일 독일군은 벨기에의 이프르(Ypres)에서 프랑스와 영국군의 참호에 167톤의 염소가스 공격을 감행했다. 독가스 공격의 준비와 실행은 암모니아 합성으로 노벨화학상을 받은 프리츠 하버(Fritz Haber, 1868~1934)가 지휘했다.

그는 염소가스뿐만 아니라 1차 대전 중 사용된 다른 두 종류의 독가스, 포스겐(Phosgene)과 머스터드 가스(mustard gas)의 개발도 주도하여 '독가스의 아버지'라고 불린다.

염소가스는 공기보다 무겁기 때문에 공기 중에 살포하면 위로 날아가는 대신 참호나 터널에 스며들어 이들을 채워 버린다. 독일군은 오랫동안 기다렸던 바람이 불자 5730개의 염소가스 실린더의 밸브를 열었으며 몇 분도 안 되어 짙은 녹색의 염소가스 구름이 몰려오자 프랑스군 2개 사단이 붕괴되고 연합군 전선에는 폭 5마일, 종심(縱深) 2.5마일에 이르는 구멍이 뻥 뚫렸다. 그러자 독일군이 저항이 없는 참호로 진격해 들어가 처음 목격한 것은 최소한 사망자 1000명과 부상자 4000명의 아비규환이었다.

이러한 엄청난 결과에도 불구하고, 독일군은 독가스 공격의 결정적 우위를 이용하지 못했다. 독일군 최고 사령부는 이 실험에 대해 회의적이어서 큰 기대를 하지 않아 이프르를 점령하기에 충분한 예비공격 부대를 배치하지 않았기 때문이다. 여하튼 최초로 대량살상 화학무기가 실전에 사용되자 이제 전쟁 당사자들 간에 화학무기 경

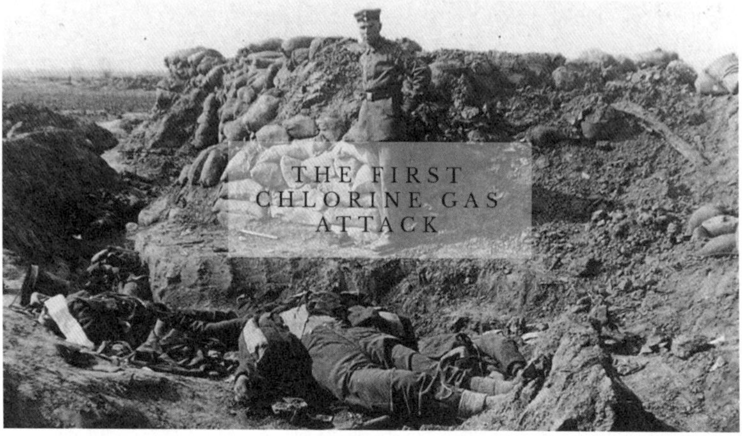

최초의 염소가스 공격

쟁이 촉발되어 세계사에 일대 전환점을 가져온다.

전쟁이 끝날 무렵, 양쪽 군을 위해 일하는 과학자들은 화학무기로 사용 가능성이 있는 대략 3000종의 화학 물질들을 시험했으며, 그 중 약 50개 정도의 독극물이 실제로 전쟁터에서 시험적으로 사용되었다. 종합적으로 볼 때, 심리적 충격은 엄청났지만 독가스로 인한 사망자 수는 제1차 세계대전 총 사망자 수의 1%도 채 되지 않았다. 전쟁이 끝난 후, 전쟁에서 질식 및 독성가스의 사용을 금지하는 '제네바 의정서'를 1925년 체결하였으나 화학무기의 확산과 사용을 금지시키는 데 성공하지는 못했다.

화학무기의 종류

제2차 세계대전은 1차 대전에서의 정적인 참호 전투와는 달리 신속하게 진격하는 기동전 스타일이어서 화학무기의 사용이 덜 효율적이며, 연합군이 독일군보다 좀 더 진전된 더 많은 화학무기를 갖고 있어서 서로 화학무기의 사용을 억제했다.

화학무기에 사용되는 화학 작용제는 흔히 크게 4가지 범주, 즉 수포 작용제, 질식 작용제, 혈액 작용제 그리고 신경 작용제로 나눌 수 있다.

다음 도표는 4종류의 화학무기가 신체에 증세가 나타날 때까지 걸리는 시간 및 지속되는 정도와 어느 부위를 통해서 들어가는지를 보여준다.

종류	기호	체류시간		작용시간	침투 부위	
		여름	겨울		증기 에어로졸	액체
신경	G-Agents V-Agents	10분~24시간 2일~1주일	2시간~3일 2일~몇 주	매우 빠름 빠름	눈, 폐 눈, 폐	눈, 피부, 입 눈, 피부, 입
질식	CG, DP	1~10분	10분~1시간	즉시	폐	눈
수포	HD L CX	3일~1주일 1~3일 며칠	몇 주 몇 주 며칠	천천히 빠름 매우 빠름	눈, 피부, 폐 눈, 피부, 폐 폐	눈 눈, 피부, 입
혈액	AC, CK	1~10분	10분~1시간	매우 빠름	폐	눈 상처난 피부

4종류의 화학무기가 신체에 증세가 나타날 때까지 걸리는 시간, 지속되는 정도,
어느 부위를 통해서 들어가는지를 보여주는 도표

제2차 세계대전 이후에는 치명적인 화학 작용제들 중에서도 신경 작용제가 지배적인 역할을 하였는데, 이 이름은 신경 자극 전달에 영향을 주기 때문에 붙여졌다. 모든 신경 작용제는 화학적으로 유기인산염(organo-phosphate)을 기반으로 만들어졌으며, 안정적이고 쉽게 분산되면서 독성이 크다. 또한 피부를 통해 흡수될 때나 호흡을 통해 흡수될 때나 급속히 영향을 끼친다. 매우 단순한 화학적 기술로 제조할 수 있고, 원료가 저렴하며 비교적 쉽게 구할 수 있다는 장점이 있다.

신경 작용제의 아버지, 게르하르트 슈라더

게르하르트 슈라더(Gerhard Schrader, 1903~1990)는 신종 살충제를 찾아내는 연구를 전문으로 하는 독일의 화학자로 세계 기아와의 전쟁에서 일조하는 것을 꿈꾸었다. 그러나 그는 우연한 신경 작용제 발견으로 이름이 가장 잘 알려져 있으며 종종 '신경가스의 아버지'라고 불린다.

그는 1936 년에 아스피린을 만든 바이엘(Bayer)과, 나중에 지크론 B(Zyklon B)—홀로코스트 동안 유대인 수백만 명과 기타 '바람직하지 않은 사람들'을 죽이는 데 사용했다—를 생산한 IG 파벤(IG Farben) 공장에서 곤충의 신경계를 파괴하기 위해 고안된 살충제에 대한 연구를 하고 있었다.

슈라더는 잎 이(leaf lice) 또는 털이 많은 진딧물(wooly asphids)을 죽이기 위해 유기인산염(organo-phosphate)이라고 불리는 화합물 군을 실험하고 있었다. 슈라더와 조수는 타분(tabun)이라고 부르는 화합물을 합성하였는데, 우연히 실험대에 떨어진 무색 액체 한 방울에 노출되고 말았다. 두 사람은 매우 어지럽고, 시각과 호흡에 심한 어려움을 겪어서 완전히 회복하기까지 3주가 걸렸다. 슈라더는 이 뜻하지 않은 우연한 사고로 사람에게 알려진 신경작용제의 첫 번째 부류를 발견한 것이다.

타분(Tabun 또는 GA)는 '신경가스의 아버지'에 의해서 발견된 신경작용제의 첫 번째 시리즈이다. 나치 정부는 즉시 슈라더에게 연구의 초점을 해충 대신 사람을 죽이는 연구로 바꾸도록 지시했다. 타분의 생산에 주력하는 새로운 공장들이 건설되었고, 나치는 타분 1만 2000톤을 비축할 수 있었다.

다음 해부터 슈라더는 G계열—사린(GB), 소만(GD) 및 사이클로사린(GF)—의 화합물들을 만들었지만 독일은 주요 화학무기로 타분을 고수했다. G계열의 G는 독일(German)을 뜻하는 첫 글자이고 뒤에 붙은 A, B, D 등은 개발 순서다. 사린은 시안화물(청산가리)보다 500배나 독성이 강하며 처음 발견한 사람들(Schrader, Otro Ambros, Rudiger, Hermann Van der Linde)의 이름을 따서 붙여졌다. 나중에 사린은 서방 정부가 선호하는 신경가스가 되었는데, 이유는 타분보다 더 치명적이며 생산비가 싸고 쉽게 기체로 전환되기 때문이다.

그렇다면 나치가 만든 모든 신경가스는 어떻게 되었을까? 다행히도 연합군을 상대로 사용되지는 않았다. 1945년 제2차 세계대전이 끝날 때 소련군은 타분을 생산하는 공장을 점령하고 신경작용제 전부를 오데르 강(Oder river)에다 쏟아 버렸다(!).

G시리즈(사린, 타분, 소만)가 독일에 의해 개발된 것과 달리, 김정남을 살해하는 데 사용된 VX는 1952년 영국의 임페리얼 화학 공업회사(Imperial Chemical Industries) 식물보호 연구실의 고쉬(Ranajit Ghosh)라는 생화학자가 개발했다. VX의 V는 'Venomous(맹독성의)'의 V자를 따서 붙였으며 뒤에 X를 붙이는 것은 미국식 생화학무기 표기법이다.

제2차 세계대전 후 사린가스 발견자들은 어떻게 되었을까?

전쟁이 끝난 후 영국 정부는 슈라더를 영입하려고 시도했지만 그를 접촉한 정보장교들에게 다음 같은 말로 거절하고 1947년 바이엘로 돌아갔다.

"식물보호 분야에 완전히 종사하게 된 것을 기쁘게 생각한다. 전쟁 중 유독물질 분야에서 한 일은 전혀 내가 원해서 했던 일이 아니다.

게르하르트 슈라더(왼쪽)과 오토 암브로스

나는 영양 증진을 위해서 일하기를 원하지, 새로운 상처를 입히는 일은 하고 싶지가 않다."

한편 히틀러의 화학무기 전문엔지니어이며 나치 화학무기 프로그램의 주요 책임자이었던 암브로스(Otto Ambros)는 1948년 뉘른베르크 재판에서 전쟁범죄와 인류에 대한 범죄로 8년 형을 선고 받았다. 암브로스는 형의 일부를 치른 3년 후, 미 육군 사린 화학무기 프로그램을 자문하기 위해 미국으로 급히 이송되었다.

04

화학무기와 윤리

– 제2차 세계대전 때는 왜 독가스 대신 원자탄이었나?

2017년 2월 13일 김정은의 이복형 김정남이 말레이시아 쿠알라룸푸르 국제공항에서 치명적인 'VX' 독극물 공격으로 살해되었다. 그 후 두 달도 채 안 된 2017년 4월 내전이 벌어지고 있는 시리아의 북부 지역인 이들리브(Idlib) 주에서 정부군이 신경가스 '사린(Sarin)'으로 반군을 공격하여 어린이 11명을 포함해 최소 80명이 숨졌다.

그런데 오바마 대통령은 이미 2012년 화학무기 사용에 대해 시리아의 바샤르 알 아사드(Bashar al-Assad)에게 "우리에게는 적색선(red line)이 있으며 만일 화학무기의 이동이나 사용을 보게 된다면 엄청난 결과를 초래할 것이다"라고 경고한 바 있다. 그러나 2013년 8월에도 정부군의 사린가스 공격으로 반군과 어린이를 포함한 민간인 1300명이 학살당하는 참극이 벌어졌지만 오바마는 이에 대한 응징을 경고한 대로 지키지 않았다.

한편 미국 도널드 트럼프 대통령은 2017년 4월 시리아 정부군의 화학무기 공격이 있은 지 사흘 만에 "최근에 화학무기를 사용한 것은 시리아가 적색선을 넘었다"고 응징을 경고했다. 그리고 하루 만에 미국 공군은 시리아 중부의 샤이라트 공군기지(Shayrat Airbase)에 토마호크(Tomahawk) 크루즈 미사일을 59발 발사하여 20대의 공군기를 파괴했을 뿐 아니라 어린이 4명과 민간인 9명도 숨졌다.

이 일련의 사태로 인해 화학무기가 과연 재래식 무기보다 더 윤리적으로 나쁜 것인지에 대한 논란이 뜨거워졌다. 독가스의 아버지라 불리는 프리츠 하버(Fritz Haber, 1868~1934)는 포탄에 비해 독가스가 더 인간적인 형태의 무기라고 강력히 믿었으며, 제1차 세계대전을 빨리 끝낼 것이라고 주장하면서 다음과 같이 말한다. "무슨 방법으로 죽든지 죽음은 죽음일 뿐이다. 총을 맞고 피를 흘리며 서서히 죽는 것과 독가스에 질식해서 빨리 죽는 것이 다를 바 없다."

여기서는 화학무기가 도덕적으로 과연 재래식 무기보다 더 나쁜가 하는 양측의 주장과 제2차 세계대전 당시 연합군은 독가스를 왜 사용하지 않았는지, 그리고 미국은 왜 원자탄을 일본에 투하했는지를 살펴본다.

화학무기가 윤리적으로 재래식 무기보다 더 나쁜가?

오바마가 시리아의 화학무기 사용에 대하여 적색선을 넘는 것이라고 경고한 것과 트럼프 대통령이 미사일 발사로 이를 응징한 것을 찬성하는 측에선 화학무기가 재래식 무기보다 도덕적으로 더 나쁘다고 다음과 같이 주장한다.

"그 이유는 대부분의 나라가 전쟁에서 화학무기를 사용하지 말 것을 합의했기 때문이다. 오늘날 대부분의 사람들은 전쟁에서 일반적으로 총알과 폭탄을 사용하는 것은 받아들인다고 생각한다. 역사적으로 우리가 경험했던 것처럼 화학무기는 비인간적이며 끔찍한 방법으로 죽는 것이어서 세계 대부분이 이를 불법화시킨 것이다. 또 다른 이유는 폭탄이나 총알과는 달리 화학무기는 무차별적이라는 점이다. 이 무기는 사용된 어떤 환경에서든 모든 사람을 무차별적으로 죽인다. 시리아에서 많은 수의 어린이들이 살해된 이유가 바로 그 때문이다."

한편 화학무기에 대해서 이중 잣대를 쓰고 있다고 주장하는 사람들은 "사람들을 총으로 죽이나 가스로 죽이나 도덕적 차이가 없다. 어느 쪽이나 사람들을 죽이는 것은 마찬가지이며 시리아에서 어린이가 재래식 무기로 죽든 화학무기로 죽든 비탄에 빠진 아버지에겐 그런 것은 별로 중요하지 않다"라고 말한다.

특히 플로리다 A&M대학 철학교수 마이클 라보시에르(Michael

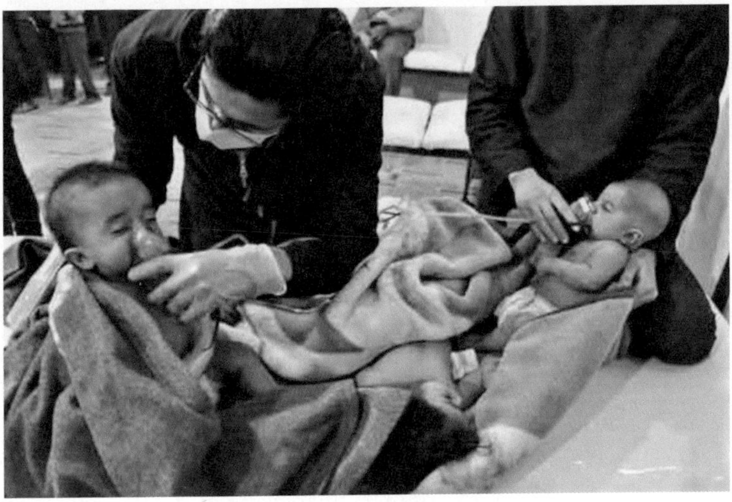

시리아에서 많은 아이들이 화학무기에 희생되었다.

Labossiere)는 화학무기를 적색선을 넘는 것으로 규정하는 것은 윤리적이라기보다는 심리적인 것이라고 주장하면서 잘못하면 이 논쟁은 어린이를 가스로 죽이는 것보다 총알과 폭탄으로 죽이는 것을 용인할 수 있음을 내포하고 있다고 말한다. 다시 말하면 오바마나 트럼프 대통령이 반군에 대해 시리아 정부가 화학무기를 쓴 것을 적색선을 넘는 것이라고 경고하고 응징하는 것은 마치 재래식 무기로 민간인을 학살한 것은 적색선을 넘지 않는 것으로 오해할 수 있다며 우려한다.

또한 라보시에르는 "냉소적인 성향의 사람들은 재래식 무기와 화학무기의 구별을 주장할지도 모른다. 왜냐하면 겉으로는 도덕적 태도를 취하면서 정치인들에게 학살을 용인하는 데 필요한 여지를 남겨두기 때문이며, 물론 이 도덕적 태도란 화학무기에 대한 비난이다" 라면서 크게 다음과 같은 이유로 화학무기나 재래식 무기의 사용은 도덕적으로 아무런 차이가 없다고 주장한다.

❶ 제1차 세계대전 후 거의 100년 동안 화학무기는 잔인함과 광범위한 인명 손실이라는 이유로 화학무기 사용 금지라는 국제적 합의를 보았지만, 실제로 제1차 세계대전에서 화학무기에 의한 사상자는 전체 사상자 수의 1%에도 미치지 않는다.

❷ 화학무기는 재래식 무기보다 더 큰 고통을 주기 때문에 도덕적으로 더 나쁘다고 주장하지만 최근의 화학무기는 재래식 무기보다 최소한의 고통으로 신속하게 살해할 수 있게 고안되어 있다. 오히려 재래식 무기로 사지가 찢겨 나가는 것보다 덜 고통스러우며 목표한 대상의 고통에 만일 도덕적 구분의 기초를 둔다면, 오히려 화학무기가 재래식 무기보다 도덕적으로 우월하다.

❸ 화학무기는 무차별적이고 지속적이기 때문에 더 도덕적으로 나쁘다고 한다. 그러나 이에 대한 명백한 반론은 재래식 무기들도 무차별적이고 지속적일 수 있다. 가령 폭탄이나 포탄들도 정확하기는 하지만 역시 의도치 않았던 사상자를 낼 수 있다. 또한 지뢰는 무차별적이고 지속적인 재래식 무기의 아주 좋은 예가 되고 있다.

특정한 화학무기가 특정한 재래식 무기보다 더 나쁘기는 하지만 본질적으로 화학무기가 재래식 무기보다 더 도덕적으로 나쁜 것은 아니다. 사실상 재래식 무기와 화학무기를 도덕적으로 구분하는 주장은 끔찍한 결과를 초래할 수 있는데, 이는 의미 있는 도덕적 태도를 취한다는 착각을 하면서 살인을 용인할 수 있는 도덕적 여지를 허용하기 때문이다.

왜 연합군은 제2차 세계대전 때 독가스를 쓰지 않았을까?

제2차 세계대전 동안 융단폭격, 아우슈비츠 유대인 수용소 그리고 원자폭탄까지 등장한 마당에 독가스는 전쟁터에서 사용되지 않았다. 무엇이 독가스 사용을 막았을까? 1차 세계대전 이후 수십 년 동안 뿌리 깊게 자리잡은 옛 도덕관념 때문에 다른 도덕적 제약들이 풀렸음에도 불구하고 왜 가스전만은 안 된다고 생각했을까?

1차 세계대전 중 전쟁이 교착상태에 있는 동안 화학무기는 참호 속을 점점 더 지옥으로 만들었다. 처음에는 염소가스로 시작했지만, 포스겐(Phosgene)과 독가스들 중의 왕이라고 하는 머스터드(Mustard) 가스가 양쪽 진영에서 처음에는 실린더에서 방출되었고 그 후 대포 포탄에 충전되었으며 나중에는 적군의 참호에 40파운드의 독가스 폭탄을 투하했다. 그런데 아직 최악의 일은 일어나지도 않았다. 만일 전쟁이 1918년 11월 휴정협정으로 끝나지 않았다면, 양쪽 진영 모두가 1919년 적국의 도시에 장거리 폭격기를 사용하여 독가스를 뿌리려고 계획하고 있었던 것이다.

2차 세계대전이 다가오자 미국과 일본을 제외하고 모두 비준한 제네바 협정에도 불구하고, 전투원들은 독가스가 다시 사용될 것이라 예상했다. 모든 국가는 화학무기를 쌓아놓고 있었고, 운반 수단을 가지고 있었으며 방어 장비와 화학전 전문가들을 갖추고 있었다. 각 나라들은 독가스를 최초로 사용하지 않을 것을 약속했지만 만일 한 나라가 화학무기를 사용한다면 다른 나라들도 모두 이를 따랐을 것이다. 제2차 세계대전은 역사상 가장 치명적인 전쟁이었으나, 세계의 엄청난 화학무기들이 대부분 사용되지 않은 채 그대로 있었다.

그렇다면 그 이유는 무엇일까?

핵무기는 제2차 세계대전 후 사용되지 않았는데, 화학무기와 핵무기를 비교해볼 필요가 있다. 냉전시대 핵무기의 경우처럼 보복에 대한 두려움은 화학적 공격을 시작하는 것을 상당히 인내하게 만드는데, 사실상 핵 보복보다 화학적 보복이 더 확실한 것이기 때문이다.

어떤 국가가 핵무기를 가지고는 선제공격으로 적의 보복 능력을 제거할 수 있다고 확신할 수 있지만 화학무기로는 그러한 희망이 없다. 각국의 지도자는 독가스를 사용할 경우 즉각 보복될 것이라는 것을 잘 알고 있다. 효과적인 무기는 비록 원칙에 맞지 않더라도 이의 사용을 강요받게 되는데, 예를 들면 미 공군이 네이팜탄(Napalm)이나 원자탄을 사용한 경우를 들 수 있다.

네이팜탄의 위력을 보여주는 사진

독가스는 1차 세계대전에서 참호전쟁의 교착상태를 깨뜨릴 것을 기대했으나 실제로는 이에 실패했기 때문에 2차 세계대전이 시작되자 효과적인 무기라는 평가를 받지 못했다. 또한 미국 공군과 영국 공군 양쪽 다 중요 공업도시들에 대한 전략적인 폭격을 위해 독가스보다 고성능 폭탄이나 소이탄을 선호했다. 유대인들을 독가스로 학살하여 어떤 종류의 무기든 죄책감을 갖지 않을 히틀러마저도 화학무기에 대해 거의 관심을 갖지 않았다.

히틀러는 제1차 세계대전 중 군인으로 독가스에 중독되었던 적이 있으나 그는 라웁카메르(Raubkammer)에 있는 독일 화학무기 본부를 한 번도 방문하지 않았다. 그의 전략적 아이디어란 기갑부대, 보병부대, 전투기의 신속한 이동에 있었으며 독일군이 1940~1942년까지 전진하고 있을 때는 독가스가 오히려 전진 속도를 느리게 하기 때문에 관심이 없었다.

종전 후, 화학전 전문가는 독일이 가스를 사용했다면 연합군의 노르망디 상륙작전을 6개월 지연시킬 수 있었다고 결론 내리면서 "그런 지연은 독일군에게 새로운 V-1 순항미사일을 완성시킬 수 있는 충분한 시간을 줄 수 있기 때문에 연합군의 임무를 더욱 어렵게 만들고 영국의 장거리 폭격을 상당히 약화시킬 수 있었다"라고 말한다. 독일은 D-day 약 일주일 후 영국에 대규모 V-1 로켓 공습을 가해 그 결과 2700명의 사망자가 발생하고 만여 명이 다쳤으며 20만 명 이상이 집을 잃었다.

불같이 화가 난 처칠 총리는 독일을 응징하고 미래의 로켓 공격을 막기를 바라면서 루르(Ruhr) 시와 독일의 여러 도시에 인구 대부분이 지속적으로 치료를 받아야 할 정도로 가스를 살포하기를 원했다. 그는 군사 보좌관들에게 다음과 같이 말했다. "모든 사람들이 1차 대전에서 독가스를 사용할 때 도덕주의자들이나 교회로부터 어떤 불평의 말도 듣지 않았는데 이제 와서 이 문제에 대한 도덕성을 고려하는 것은 터무니없다. 반면에, 지난 전쟁에서 무방비 도시의 폭격은 금지된 것으로 간주되었지만 이제는 모두가 당연하게도 그 짓을 한다. 이것은 마치 여자들이 짧은 치마와 긴 치마를 바꿔 입듯이 단순히 패션의 문제이다."

군사 보좌관들에 대한 처칠의 지시는 직설적이고 오싹한 것이었다. "나는 독가스를 어떻게 사용할 것인가에 대한 냉혈한 계산을 원한다. 나는 그 문제가 지금 여기저기 가로 질러 다니며 시편 찬송가나 부르는 군복 입은 패배론자들에 의해서가 아니라, 지각 있는 사람들에 의해 냉철하게 연구되기를 바란다."

그러나 곧 영국군 보좌관들은 처칠의 희망을 뭉개버렸다. 그들은 가스전을 수행하려면 독일의 산업지대와 도시를 폭격하는 더 효율적인 전략폭격 작전에서 폭격기를 빼낼 수밖에 없다고 말했다. 또한 영국의 가스 공격은 전쟁에 결정적이지도 못할 것이고 독일도 영국에 파멸적인 보복을 가할 것이며 그뿐만 아니라 유럽의 다른 지역과 연합군 포로들에게도 독가스를 사용할지 모른다고 우려했다.

즉 연합군이 독일보다 더 도덕적이어서가 아니라, 모든 나라가 다 갖고 있는 독가스의 사용은 즉각적으로 보복 공격을 당할 우려와 또한 가스전이 결코 전쟁의 승리를 견인할 만큼 효율적인 전략적 공격이 아니기 때문이라는 계산 결과인 것이다.

왜 미국은 2차 세계대전 때 일본에 원자탄을 떨어뜨렸나?

프랭클린 루즈벨트 대통령이 뇌출혈로 갑자기 전쟁 도중 사망하자 상식과 결단력으로 알려진 해리 트루먼이 뜻하지 않게 대통령이 되었다. 그러나 트루먼은 대통령직을 물려받을 때 걱정이 많았고 자신에 대한 확신이 없었다. 트루먼은 1945년 4월 24일 처음으로 원자탄에 대한 상세한 보고를 받았는데, 이 맨해튼 프로젝트를 위해 20억 달러(현재 가치로는 270억 달러)를 사용했으나 그 시점까지 실제 실험조차 되지 않았다.

전쟁 종식을 위해서 모인 지도자들 간에는 원자탄이 전쟁에 혁명적 변화를 가져올 무기인지 아니면 그냥 전통적인 군사작전의 또 하나의 도구인지에 대해 상충되는 의견들이 분분했다.

다음달 5월 7일 독일은 무조건 항복을 했으나 태평양에서는 일본과의 전쟁이 계속되었다. 당시 일본 군부는 '일억옥쇄(一億玉碎)', 즉 모든 일본인이 죽을 때까지 전쟁을 계속하겠다며 항복을 하지 않았다. 가령 1944년 7월 5일 사이판 전투에서 일본군 제43사단 사령부는 "우리는 옥쇄함으로써 태평양의 방파제가 되고자 한다"는 내용의 전보를 대본영으로 보내고, 7월 7일 3000명의 생존 병사와 함께 죽음을 선택했다. 일본 병사 약 4만 1000명이 전사했고 2만 5000명의 일본인 주민 가운데 1만 명이 사망한 것으로 알려져 있다.

이오지마 섬은 도쿄 남쪽의 1080킬로미터, 괌 북쪽 1130킬로미터에 위치하고 있는 작은 섬이다. 1945년 2월 19일, 미국 해병대가 이오지마에 상륙하기 시작하여 3월 17일에 미군은 섬을 장악했으며, 거의 모든 일본군 부대가 전멸했다. 35일 동안 계속된 전투에서 미

이오지마 전투에서 일본군 2만 명이 전멸했다.

국은 6000여 명의 사망자를 포함하여 2만 8000명의 사상자를 냈으며 일본군은 2만 명이 전사하고 포로로 잡힌 것은 단 216명뿐이었다. 약 한 달간 치러진 참혹한 이오지마 전투로 인해 이 섬은 그야말로 '옥쇄의 섬'으로서 태평양전쟁사에 이름을 남겼다.

오키나와 전투는 1945년 4월 1일에 시작하여 83일 동안 계속된 태평양 최대의 전투로서 작은 이오지마 섬을 빼놓고는 일본 영토에서 벌어진 최초의 전투라는 의미도 크다. 세계사에 유례가 없는 항공기 자살 특공대에 이어 수상 함대에 의한 자살 특공 작전이 가해졌다. 83일에 걸친 오키나와 전투에서 미·일 양쪽 모두 막대한 피해를 입어 일본군은 7만 7000명, 미군은 1만 2000명이 전사하고 오

83일에 걸친 오키나와 전투에서 오키나와 주민의 3분의 1이 목숨을 잃었다.

키나와 주민의 3분의 1인 15만 명이 목숨을 잃었다.

6월에 들어서자 미국의 공습으로 수백만 명의 일본인들이 집을 잃고 해군의 봉쇄로 식량공급도 끊겼다. 그럼에도 불구하고 일본인의 전통적 사고방식으로는 항복이란 곧 치욕을 의미하기 때문에 끝내 투항하지 않았다. 이오지마와 다른 태평양 섬들에서의 전투에서 겪은 엄청난 인명의 손실은 미국 지도자들로 하여금 일본 본토 상륙으로 일어날 수 있는 사상자들의 생생한 장면을 상상케 했다. 이 작은 섬들의 침공으로 미군은 이미 15만 명의 사상자를 냈는데, 일본 본토 침공으로 이보다 적은 수의 사상자를 내리라고 예상하기는 어려웠다. 더구나 일본은 침공에 맞서고 있는 본토 섬에 200만 명의 군대를 주둔시키고 있었다.

맥아더 장군 및 다른 최고위 사령관들은 본토에 이미 시행된 재래식 폭격을 계속하고 '궤멸 작전(Operation Downfall)'이라는 암호명이 붙은 대대적인 침공을 할 것을 지지했으며 그들은 트루먼에게 그러한 침공의 대가로 최대 100만 명의 사상자가 발생할 것이라고 조언했다.

해리 트루먼(Harry Truman) 미국 대통령이 1945년 7월 16일, 20억 달러짜리 맨해튼 프로젝트의 성공에 대해 보고받았을 때 그는 역사상 전례 없는 중대한 결정에 직면해 있음을 알았다.

미국의 군인들과 민간인들은 4년 동안의 전쟁에 매우 지치고 염증을 느끼고 있었지만, 일본 군대는 1억 명의 인구가 전멸하는 한이 있더라도 전쟁을 포기하려 하지 않았다. 이제 일본과의 전쟁을 종식시킬 수 있는 능력은 그의 손에 달려 있지만 그의 선택지들에는 지금까지 알려진 가장 무서운 무기를 투하하는 것이 포함되어 있었다. 트루먼에게는 원자탄을 사용하느냐 아니냐는 그의 인생에 가장 어려운 결정이었다.

1945년 8월 6일, 미군 폭격기는 일본의 히로시마에 세계 최초로 원자폭탄을 투하했다. 이 폭발로 도시의 90%가 완전히 파괴되었고 8만 명이 즉사했으며, 나중에 수만 명이 방사능 피폭으로 사망했다.

1945년 8월 6일, 세계 최초로 히로시마에 원자폭탄이 투하되었다.

이틀 후, 소련이 일본에 전쟁을 선포했다. 3일 후 두 번째 B-29 폭격기가 원자폭탄을 나가사키에 투하했고, 즉시 약 4만 명의 인명을 앗아갔다. 일본의 히로히토 천황은 8월 15일 라디오 방송을 통해 제2차 세계대전에서 '새롭고 가장 잔인한 폭탄'의 위력을 언급하며 일본의 무조건적인 항복을 발표했다.

그러나 그 이후부터 일부 학자들은 전쟁 중 미국이 원자탄을 일본에 투하한 것에 대해 다음의 세 가지 윤리적 문제를 제기하고 있다.

첫째, 독일이 아니고 일본에만 원자폭탄을 터뜨린 것은 인종차별적이라는 것이다. 그러나 원자탄의 성공적인 시험은 1945년 7월에 이루어졌는데, 그때는 나치 정부가 이미 두 달 전인 5월에 항복을 하고 난 후였다.

두 번째는 재래식 폭탄에 의한 폭격과 해군의 봉쇄에 의한 생필품 부족으로 일본은 이미 패배한 상태에 있어서 항복은 시간문제이고 따라서 구태여 원자탄을 쓸 필요가 없었다는 주장이다. 하지만 일본 군부는 "국가를 포기하고 패배를 인정함으로써 불명예스러운 생존을 추구하는 것보다 전투에서 죽을 때까지 싸우는 것이 훨씬 낫다"라는 태도를 견지하고 있었다. 실제로 1945년 6월 8일 일본 천황이 참석한 회의에서 일본 정부는 '일본은 끝까지 싸운다'는 정책을 공식적으로 선언했다.

세 번째는 히로시마에 원자폭탄을 터뜨린 후 또 다시 나가사키에 투하한 것은 순전히 '소련 견제용'이라는 주장이다. 즉 동유럽의 대부분을 점령하고 있던 소련은 얄타회담에서 일본으로부터 쿠릴 열도, 중국으로부터는 군사 기지의 이권을 얻도록 양해되어 실질적인 제2차 세계대전의 승리자가 되었다. 더구나 소련은 히로시마에 원자폭탄이 투하된 지 이틀 만에 일본에 전쟁을 선포했다. 바로 그 다음날 미국이 서둘러 나가사키에 원자폭탄을 투하한 것은 전쟁 후 중국, 일본, 그리고 한국에서의 소련의 영향력을 제한하려는 의도라고 한다. 즉 두 번째 나가사키 핵 공격은 냉전시대를 개막한 것이라는 주장이다.

그밖에 부차적으로 트루먼 대통령의 개인적인 정치적 동기도 작용하였다고 다음과 같이 지적한다. "미국 시민들이 슈퍼 폭탄을 만들기 위해 맨해튼 프로젝트에 천문학적인 20억 달러를 쓰고도 전쟁에 사용하지도 못하면서 수많은 미국 군인들을 죽게 만든다면 1948년 대통령 선거에서 트루먼은 패배할 것이라는 것을 잘 알고 있었기 때문이다."

윈스턴 처칠의 말처럼 국가와 민족의 생존을 위한 '삶과 죽음의 기로'에 선다면 윤리를 찾고 있기에는 너무 절박할 것 같다. 또한 1945년의 모든 상황을 2000년대의 도덕적 잣대로 판정하려고 하는 것은 마치 'Monday Morning Quarterback'이라는 표현처럼 경기가 끝난 후 이러쿵저러쿵 하는 것과 같지 않을까?

Monday Morning Quarterback
나중에 뒷말하는 사람을 말한다.

어쨌든 판도라의 상자는 열렸다. 상자가 열리면서 '세계는 핵 능력을 어떻게 활용할 것인가?'라는 질문이 날아왔다. 우리에게는 특히 북한으로 인해 일상적으로 여전히 당면하고 있는 절실한 문제이다.

05

독일의 제2차 세계대전 전쟁배상금

– 산업자산 탈취와 강제 두뇌 유출에 의한 대규모 기술 이전인가?

며칠 전 오랜만에 영화관에서 미드웨이(Midway) 해전을 통해 전쟁의 극한 공포와 참상을 가슴 터지게 간접 경험하고 난 후, 내친 김에 넷플릭스에서 '10대 사건으로 보는 제2차 세계대전' 다큐멘터리를 모두 시청했다. 그동안 몰랐던 전격전(電擊戰), 영국 본토항공전, 스탈린그라드 포위전, 벌지전투, 드레스덴 폭격을 시청하면서 독일의 전격전이야말로 당시 여러 세대에 걸쳐 유럽에서 이룩한 독일의 과학과 공학의 명성을 그대로 보여준 전술이 아니었나 하는 생각이 들었다. 제1차 세계대전이 참호전이었던 반면 2차 세계대전 초부터 독일은 전쟁의 혁신을 가져온 기동력을 핵심으로 하는 전격전으로 폴란드와 프랑스에서 신속하게(!) 연합군을 참패시켰다.

그런데 전격전(독일어로 Blitzkrieg: Blitz는 번개, Krieg는 전쟁)이란 치밀한 집중력으로 전투기나 폭격기의 공습 하에 무선통신 기술을

독일의 전격전

탑재한 기갑 및 전차부대로 적의 방어선을 뚫고 뒤를 따르는 보병부대로 잔적을 격파하는 전법이다. 이러한 전격전을 가능케 해준 나치 독일의 발명을 미국이 2차 세계대전 후 활용한 목록은 유도무기, 장거리미사일, 공수부대, 로켓, 메스암페타민(methamphetamine), 제트 전투기, 그리고 야간투시경(Night Vision Device) 등이 있는데, 여기서 특히 흥미로운 것은 메스암페타민이다.

독일군은 전격전을 위하여 페르비틴(Pervitin)이라고 하는 메스암페타민(일명 필로폰)을 사탕처럼 배급했고 조종사, 전차병, 보병들은 이 각성제를 복용하고 사흘 밤낮 쉬지 않고 공격하는 인간전투기계가 되었다. 연합군도 이에 질세라 마찬가지로 암페타민을 복용시켰

V-2 로켓

는데 전쟁터에선 승리를 위해서 어떤 비인간적인 일도 서슴지 않은 듯하다.

또한 원자폭탄을 터뜨리기 전, 인체에 방사성 물질이 미치는 영향을 테스트하기 위해 400건의 자동차 사고 피해자들의 몸에 플루토늄을 주사했다. 생화학무기에 대한 백신 테스트를 위해 사람들이 자신도 모르게 기니피그(guinea pig)로 취급당하였다는 사실은 더욱 "전쟁에서의 정의란 승리"를 의미하는 것이 아닌가 하는 생각마저 들게 한다.

전쟁의 승패가 고도의 과학·공학 기술에 상당히 의존한다는 것을 입증하듯이, 전쟁 영화나 공상과학 영화에서는 흔히 저명 과학자들을 납치하는 장면이 나온다. 실제로 2차 세계대전이 끝나갈 무렵 또는 전후 상당수의 독일 과학자, 엔지니어, 기술자들이 연합국의 강대국들(미국, 영국, 프랑스 또는 소련)에 납치당했는데, 이와 연관된 여러 가지 사건들을 짚어본다.

독일의 전쟁배상금은 산업자산 탈취와 강제 두뇌 유출에 의한 기술 이전

제2차 세계대전 동안 독일의 과학기술은 연합국에 무서운 위협을 가했다. 연합국의 강대국들(미국, 영국, 프랑스, 소련)은 과학적으로 또는 산업적으로 중요한 것들은 그것이 무엇이든 간에 군사적 잠재력을 가지고 있어 독일 전체가 전쟁터가 되었다는 견해를 가지고 있었다.

전후 독일에 대한 초기 계획은 미국의 재무장관 모겐소가 입안한 모겐소 계획(Morgenthau Plan)으로 독일이 다시는 제3차 세계대전을 일으키지 못할 정도로 유럽 최대의 중공업지역인 독일의 루르(Ruhr)와 자르(Saar)의 중공업 기반을 철저히 파괴하고 공업설비를 철거하여 근본적으로 독일을 농경 사회로 바꾸어 놓겠다는 계획이었다.

제2차 세계대전이 종반에 접어들자 소련 흑해 연안의 얄타에서 미국, 영국, 소련의 수뇌들이 모여 독일의 패전 후 관리에 대해 의견을

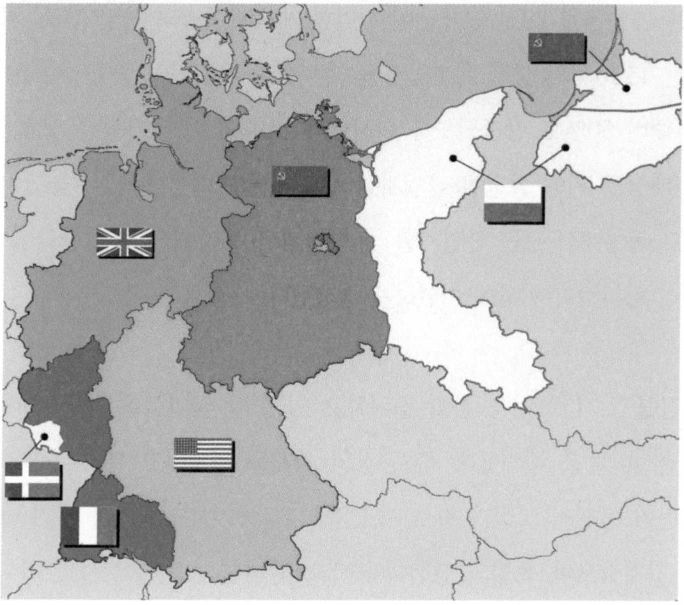

분할 점령된 독일 지도(1945)

나누었다. 얄타회담(Yalta Conference, 1945.2.4.~11)이라 부르는 그 회담에서 미국, 영국, 프랑스, 소련 4국은 독일을 분할 점령한다는 원칙을 세웠으며 또한 전쟁 배상금은 독일이 돈으로 지불하는 대신, 산업자산과 연합국에 대한 강제 노동으로 지불하도록 하고, 주요 전범들은 뉘른베르크에서 열릴 국제재판에 회부하기로 합의했다.

연합국의 요구는 1945년 7월 포츠담 회의 동안에 더욱 윤곽이 잡혔는데, 즉, 배상금은 독일을 분할 점령한 4대 강국(미국, 영국, 프랑스, 소련)에 직접 지불하며 독일은 영토의 4분의 1을 폴란드와 소련에 양도한다는 내용이다(위의 그림의 노란색 부분).

1946년 3월 29일 연합군이 서명한 제1차 '독일의 산업 수준' 계획에는 1500개의 상장 제조공장을 파괴함으로써 독일 중공업이 1938년 대비 50%로 감축되도록 명시했다. 따라서 이 국가들은 상호 '전쟁 배상을 위해 할당될 산업자본 설비 선정방법'을 만들어 놓았지만 서로 독일에서 모든 산업기술 및 학술과학 분야에서의 '배상금'을 재빨리 차지하기 위하여 치열하게 경쟁했다.

점령 초기, 독일을 분할 점령하고 있는 각 국가들은 전 지역에서 산업설비들을 해체했다. 즉 공장의 기계를 철거하고 특히 조선소와 항공기 공장의 시설과 철도 시스템을 해체하여 모든 것을 자기 나라로 가져갔으며, 독일의 상선대(商船隊)와 다른 모든 함선들도 인수했다. 특히 독일에 의한 피해가 엄청났던 소련은 공장들을 해체하여 수도 없이 많은 장비들을 본국으로 가져갔고, 전쟁 중 폭격으로 상당한 피해를 입은 영국도 소련에 지지 않으려고 경쟁했다.

독일의 외국 주식 약 25억 달러(1948년 당시)가 몰수당했으며, 파괴되지 않고 남아 있는 제조업은 생산량의 일부를 연합국에게 양도해야 했고 루르와 자르 중공업지대의 철강, 석탄, 그리고 다른 산업 생산품들이 대량으로 압류되어 나라 밖으로 반출되었다. 수백만 명의 독일인들은 수용소, 광산, 수확현장 또는 공장에서 연합국을 위해 수년간 강제 노동에 시달려야 했다.

한편, 독일의 산업 능력을 제한하기 위한 전후 계획의 일환으로 많은 공장들이 해체되고 있는 동안 산업계, 군, 정보기관에서 모집된 조사관들이 독일의 공장과 대학, 연구기관을 쳐들어가 첨단 장비, 약 100억 달러(1948년 당시) 상당의 독일 특허권, 저작권, 상표권과 연구논문, 공장 생산 자료들을 대거 몰수하여 자국으로 보냈다.

그뿐 아니라 특히 미국, 영국, 소련은 마치 영화에서 보는 것 같은 비밀작전으로 독일 최고의 두뇌들을 경쟁적으로 납치하여 자국으로 데려가 여러 가지 첨단무기 개발 및 산업에 종사하게 하였으니 이 모든 것이 아마도 역사상 유례없는 대규모의 기술이전이 아니었을까 한다.

작전명 '종이집게'와 작전명 '오소아비아킴'

6년간의 피비린내 나는 처절한 전면전이 연합국의 승리로 끝나갈 무렵, 미국, 영국, 소련은 특히 핵 프로그램, 로켓과 항공우주 기술, 잠수함, 탱크, 화학무기 개발에 참여한 과학자 및 엔지니어, 기술자들의 체포 작전에 경쟁적으로 돌입한다. 군수산업뿐만 아니라 전후 자국의 산업을 복구하기 위해 섬유, 비누, 화장품, 화학약품, 공구 등의 제조업마저도 포함시켰다.

핵 관련 007작전(?)으로는 연합국의 엡실론 작전(Operation Epsilon)과 소련의 알소스(Soviet Alsos) 작전이 있다. 엡실론 작전은

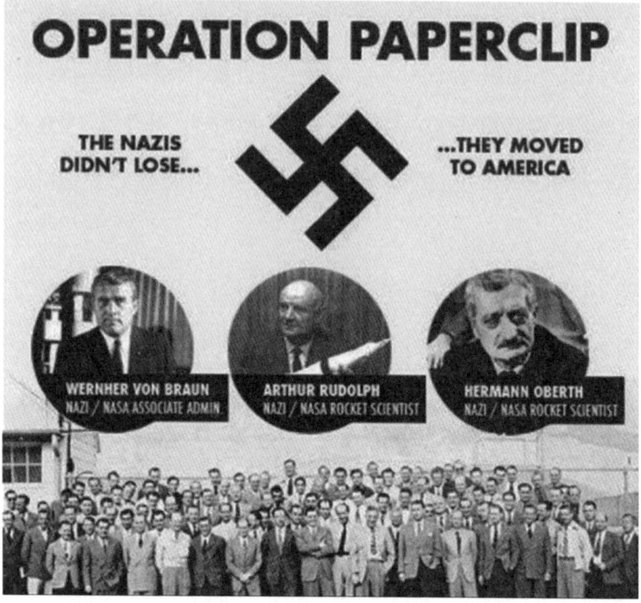

'종이집게' 작전

연합군이 1945년 5월 1일부터 6월 30일 사이에 독일의 저명한 핵 물리학자 하이젠베르크를 비롯한 우라늄클럽 과학자 10명을 체포하여 영국 캠브리지 근처 팜홀이라는 시골에 6개월 넘게 억류하며 그들의 원자폭탄 관련 대화 내용을 비밀리에 녹음한 프로그램의 코드명이다.

한편 소련 알소스(혹은 러시아 알소스)는 1945년~1946년 사이에 독일, 오스트리아, 체코슬로바키아에서 소련의 원자폭탄 프로젝트를 위해 독일의 핵관련 시설, 지적자료, 물적자원 또는 과학 인력을 탈취한 작전명이다.

그러나 연합국의 4대 강국들이 총부리를 들이대고 강제로 독일 최고의 두뇌들을 경쟁적으로 납치한 작전 중 가장 대규모 작전의 코드명은 미국의 작전명 '종이집게'(Operation Paperclip)와 이에 대응하는 소련의 작전명 오소아비아킴(Operation Osoaviakhim)이다. 이후 미국과 소련은 경쟁적으로 군비(軍備)를 확충하며 과열된 냉전시대로 돌입하게 되는데, 그 첫 단계가 이 두 작전이라고 할 수 있겠다.

오젠버그 리스트(Osenberg List)

그렇다면, '종이집게 작전'을 수행하기 위한 독일의 두뇌들 명단은 어떻게 구했을까?

제2차 세계대전의 후반기에 나치 독일은 소련 정복에 실패하자 군수품 조달이 매우 어려운 입장에 처하게 되었다. 정복에 실패하자 독일은 자원이 고갈되고, 독일의 군사-산업 복합체는 소련군의 서쪽으로 향하는 반격에 맞서 대독일제국을 방어할 준비가 되어 있지 않았다.

1943년 초, 독일 정부는 많은 과학자, 엔지니어, 기술자들을 전투에서 소환하기 시작했다 그들은 소련과의 장기전에 대비해 독일 국방력을 강화하기 위한 연구와 개발에 종사하기 시작한다. 최전방 전투로부터의 소환 대상에는 4000명의 로켓 연구자들도 있었는데 이들은 독일 북동부의 로켓 미사일 연구 및 시험시설이 있는 페네뮌데

(Peenemünde)로 귀환했다.

나치 정부가 과학 연구를 위해 쓸모 있는 지식인들을 소환하기 위해서는 우선 과학자, 엔지니어, 기술자들을 찾아내고 그 다음엔 그들의 정치적, 이념적 신뢰도를 확인할 필요가 있었다.

국방 연구단을 이끌고 있던 엔지니어 겸 과학자인 오젠버그(Osenberg)는 정치적으로 믿을 수 있는 독일 최고의 두뇌들의 이름을 기록한 오젠버그 명단(Osenberg List)을 작성하여 이들을 과학적 연구에 복귀시켰다.

1945년 3월, 폴란드인 한 연구자가 본 대학(Bonn University) 화장실에서 오젠버그 리스트를 발견한다. 이 목록은 이후 영국의 해외 첩보기관 MI6에 보내졌고, MI6는 이를 미국 정보국에 전송했다.

따라서 '종이집게 작전'은 이 오젠버그 리스트를 이용하여 독일 최고 로켓 과학자 베르너 폰 브라운(Wernher von Braun)과 그의 로켓 팀을 포함하여 1600명의 과학자, 엔지니어, 기술자를 체포하여 미국으로 이송했다.

이들 중 몇몇은 나치당원, SS 장교, 전범들이었지만 그들은 미국의 국가 안보에 필수적인 존재라고 간주되었다. 따라서 미국 정부 관리들은 생화학 무기개발이라던가 런던과 안트베르프(Antwerp)

다하우 강제수용소

를 폐허로 만든 V-2 로켓 설계, 다하우(Dachau)나 라벤스브뤼크(Ravensbrück) 강제수용소에서 생체실험에 희생된 수용소 수감자들의 수많은 죽음 등에서의 과학자들의 역할은 눈감아 줄 수 있다고 생각했다.

전쟁 중에 영국을 초토화시킨 치명적인 V-2 로켓 개발에 기여한 독일 페네뮌데(Peenemünde) 로켓 연구소의 기술 책임자 베르너 폰 브라운은 이들 중 가장 유명한 과학자이다. 폰 브라운을 비롯해 SS 책임자였던 쿠르트 데부스(Kurt Debus), 로켓 과학자이자 유도 미사일 전문가인 베른하르트 테스만(Bernhard Tessmann) 등은 육군성의 특별 고용인으로 미국 육군의 로켓 실험을 지원하기 위해 텍사스주 포트 블리스(Texas Fort Bliss)와 뉴멕시코주 화이트샌드(White

베르너 폰 브라운

Sands)로 데려갔다. 폰 브라운은 후에 NASA의 마셜우주비행센터(Marshall Space Flight Center)의 소장이자 새턴 V(Saturn V) 발사체의 수석 설계자가 되어, 결국 20명의 미국 우주비행사들이 달에 도착하는 데 기여한다.

그뿐만 아니라 강제수용소에서 인간 생체실험을 통하여 저체온증, 저산소증, 탈수증과 항 말라리아클로로퀸(antimalarialchloroquine), 메타돈(metadone), 메타암페타민(methasmphetamine) 등에 관한 의학적 연구를 한 의사들과 생화학 대량 살상무기인 타분(Tabun)과 사린(Sarin)을 합성한 화학자들도 전범으로 뉘른베르크 재판에 회부

되지 않도록 신분을 보장해 주었다. 결국 전쟁이라는 절체절명의 극한 상황에서 과학자의 윤리라는 명제는 언어의 유희에 지나지 않고, 승자가 정의라는 말이 더 실감있게 다가온다.

한편 미국의 '종이집게 작전'에 대응한 소련의 '오소아비아킴 작전(Operation Osoaviakhim)'은 1946년 10월 22일, NKVD(소련의 내무성을 뜻하는 약자로 비밀경찰, 정보기관, 국경경비, 교도소 업무 등을 관장한다)와 소련군 부대가 총으로 위협하여 V-2 로켓의 생산에 관련한 2200명 이상의 독일 과학자 및 엔지니어들(가족들까지 포함하면 모두 6000명 이상)을 독일의 소련 점령 지역에서 소련으로 강제 이송시킨 작전이다.

독일 노르트하우젠(Nordhausen)의 미텔베르크(Mittelwerk) V-2 로켓센터와 같은 연구 및 생산센터를 통째로 소련으로 이전하고 관련 장비를 그대로 옮겨갔다. 소련은 또 1945년 5월 2일 자국 점령지였던 레힐린(Rechlin)에서 독일 공군(Luftwaffe)의 중앙군사항공시험센터의 수많은 자료를 탈취하여 소련으로 가져갔다. 코드명 '오소아비아킴'은 소비에트 준군사조직의 약자로, 후에 DOSAAF로 개칭된다.

1947년 초, 영국 외무부는 미국, 영국, 프랑스, 소련 등의 점령국들에 의한 독일 산업의 약탈이 독일의 재건을 심각히 저해하는 것을 우려하고 이를 중단하자는 합의를 이끌어낸다.

한편 미국의 국무장관이던 마셜(G. C. Marshall)은 제2차 세계대전 후 황폐화된 유럽의 동맹국을 위해 유럽부흥계획(European Recovery Program), 즉 '마셜플랜'이라는 원조 계획을 발표하는데, 이 계획에 패전국인 서독도 포함시켰다.

소련을 제외한 연합국 3국의 관할 지역에 있던 서독은 마셜플랜에 따른 미국의 대규모 원조 덕분에 빨리 경제가 회복되는데, 전쟁이 끝난 지 10년 만에 전 세계의 관심사는 독일의 '라인강의 기적'에 모아졌다. 서독이 서구와 대등한 수준에 도달하기까지 종전 후 총 20년이 걸렸고, 결국 통일이 되어 지금은 세계의 주도적인 경제 대국이 되었다.

주목할 만한 일은 제2차 세계대전을 일으켜 인류에 말할 수 없는 참상을 가져온 독일과 일본은 패전에도 불구하고 미국의 대규모 원조와 더불어 자국의 매우 수준 높은 과학과 공학기술 덕분에 경제대국으로 우뚝 서게 되었다는 사실이다.

제2장

우연과 필연의 과학

06

천재 발명가이자 엔지니어 아르키메데스

그리스의 아르키메데스(Archimedes) 하면 우선 떠오르는 생각은 목욕탕에서 부력의 원리를 발견한 그가 벌거벗은 채 기쁨에 넘쳐 거리로 "유레카(I found it)"라고 외치며 뛰쳐나오는 장면이다. 이 일이 사실이었든 아니었든 진실은 그다지 중요치 않다. 이 캐치프레이즈는 2000년도 넘는 세월 동안 모든 과학자, 엔지니어들에게 그에 관한 숱한 전설과 함께 신선한 영감을 불러일으키고 있다.

지금부터 무려 2300년 전인 BC 3세기경에 태어난 고대 그리스의 아르키메데스는 역사상 가장 위대한 과학자 중 한 사람으로 수학자·물리학자·천문학자·엔지니어·발명가 그리고 무기 디자이너(weapon designer)였다.

그의 독특한 천재성은 추상적 수학문제를 풀었을 뿐만 아니라 물

아르키메데스는 고대 그리스의 역사상 가장 위대한 과학자 중 한 사람이다.

리 문제를 푸는 데 수학을 사용하고 그리고 물리를 활용하여 기발한 장치들을 만든 데 있다.

아르키메데스는 근대 대수학과 해석학을 예견했으며 원의 넓이, 구의 표면적과 부피, 포물선 내부 면적 등을 포함하는 다양한 기하 정리를 유도했다. 그뿐만 아니라 포물선으로 둘러싸인 도형의 면적을 계산할 때 후일 적분학으로 이어지는 '실진법(悉盡法, Method of Exhaustion)'을 도입하였으며 거의 정확한 원주율 π(pi) 값을 구했다.

또한 자신의 이름이 붙여진 나선(Archimedes' spiral)을 발견했고,

$$\frac{223}{71} < \pi < \frac{22}{7}$$

아르키메데스는 실진법을 도입하고 원주율(π) 값을 구했다.

회전곡면의 부피 공식을 유도했으며 매우 큰 수를 표현하는 방법을 고안했다. 그는 물리에서 정역학과 유체정역학의 기초를 세웠으며 지렛대의 원리를 설명한 것으로 잘 알려져 있다.

욕조에서 벌떡 일어나는 아르키메데스 조각상. 영국 맨체스터대학에 있다.

누구도 따라올 수 없는 독창적이고 기발한 천재 발명가이자 엔지니어로서의 아르키메데스를 살펴보기로 한다.

시대적 배경

아르키메데스 시대는 그리스인들에게는 번영과 창의성의 시기였다. 기원전 4세기 후반 알렉산드로스 대왕이 정복한 대제국은 그리스가 이룬 업적, 특히 과학을 전 세계로 확대하는 기반이 되어 실상 그리스 과학의 황금기라 할 수 있다. 아르키메데스는 알렉산드로스 대왕이 건설한 도시 알렉산드리아에서 공부했다.

그리스령 이집트의 알렉산드리아는 수도일 뿐 아니라 아테네와 치열하게 경쟁하는 문화의 수도였다. 이집트의 프톨레미 왕조는 아테네에 있는 아리스토텔레스 학당(School of Aristoteles)을 그대로 알렉산드리아에 재현했다. 아리스토텔레스는 그리스 철학자일 뿐 아니라 역사상 최초의 진정한 과학자로 알려진 인물로, 프톨레미 왕조는 아리스토텔레스의 학문을 계승하겠다는 원대한 야망을 품고 두 기관을 건축했다.

그 중 하나는 학문과 예술의 여신 뮤즈(Muse)를 모시는 신전을 뜻하는 무세이온(Mouseion) 학술원이고 다른 하나는 고대 세계에서 최대 규모를 자랑하는 알렉산드리아 도서관이다. 그러나 프톨레미 왕조는 무세이온에 선진 과학과 공학을 위한 혁신을 더하여 현대와 같은 대학의 기초를 만들었다. 아르키메데스는 알렉산드리아의 지적 흥분을 만끽하면서 자연과학과 수학분야의 최첨단에 있는 과학자들과 교류했다.

그런데 기원전 3세기 초에는 지중해 유역은 서쪽은 카르타고인(Carthaginians)들, 동쪽은 그리스인(Greeks)들이 지배했다. 카르타고는 배를 타고 지중해 각지를 돌아다니던 해양민족 페니키아인들이 건설한 도시이다. 로마인들은 단지 로마 근처의 작은 지역만 지배하고 있었으나 언제고 쳐들어갈 만반의 준비를 하고 있었다.

로마인들은 카르타고와 제1차 포에니 전쟁(BC 264~241)을 통해 영토를 크게 확장했다. 아르키메데스가 태어난 그리스 도시 시라쿠스는 처음에는 카르타고를 지원했는데 전쟁 초기에 로마의 강요로 시라쿠사의 왕 히에로 2세(Hiero II)는 로마와 동맹조약을 맺고 공물을 바치게 된다.

로마와 카타르고는 BC 218년에 서로의 적대감을 다시 불러일으켜 한니발 전쟁이라고도 부르는 제2차 포에니 전쟁(BC 218~BC 202)을 시작했다. 한니발 장군은 이베리아 반도에서 겨울에 피레네 산맥과 알프스 산맥을 넘어 로마 본토인 이탈리아 반도까지 쳐들어가는 세계사에 유명한 작전을 감행해 첫 승리(BC 218)를 거두고 칸나(Cannae) 전투에서 로마군을 패배시켰다(BC 216).

한니발의 성공은 많은 시라쿠스 사람들에게 그들이 잘못된 동맹을 맺었다는 확신을 심어주었다. 히에로 2세는 로마와의 동맹을 지켰지만 BC 215년에 그가 죽자 후계자인 히에로 2세의 손자는 한니발과 협상을 시작한다.

이에 불안에 사로잡힌 시라쿠스 안의 친 로마파들은 반란을 일으켜 왕을 암살했다. 그의 암살로 시라쿠스 안에서는 친 로마파와 친 카르타고파 사이에 내전이 일어나고 대부분의 히에로 가족들은 살해된다. 그러나 결국에는 친 카르타고파가 승리하여 카르타고와 시라쿠스의 혼혈 가문에서 시라쿠스를 다스리게 되었다.

로마는 시라쿠스 사태를 처리하기 위하여 마르켈루스(Marcus Claudius Marcellus)를 시칠리로 보냈다. 그는 시라쿠스의 레온티니(Leontini)로 쳐들어가 점령하고 약 2000명의 카르타고 동조자들을 무자비하게 폭행한 다음 참수했다.

도시의 패배 이후 뒤따르는 이러한 전형적인 로마인들의 흉포함은 시라쿠스인들이 마르켈루스와 협상해보려는 어떠한 의지도 아예 없애버렸다. 마르켈루스는 BC 213년 시라쿠스를 포위하고 60척의 함대로 해변 성벽을 공격하는 한편 그의 공동지휘관 풀케르(Appius Claudius Pulcher)는 지상군으로 육지의 성벽을 공격했다.

아르키메데스는 오랫동안 히에로 2세의 군사고문이며 무기 디자이너여서 시라쿠스는 어떠한 공격에도 잘 준비가 되어 있어 로마군은 동원할 수 있는 모든 방법을 써서 수개월 동안 성을 공격했지만 시라쿠스는 이를 결연하게 잘 방어해냈다. 로마군은 포위 공격에 실패하자 시라쿠스로 가는 보급을 차단하는 봉쇄작전을 펼쳤다.

그러던 중 연중 행사인 아르테미스 여신의 축제기간 동안 시라쿠스인들이 도시의 방어를 소홀히 하는 틈을 타서 마르켈루스는 육지의 성벽을 파괴하고 BC 202년 마침내 도시를 점령했다. 마르켈루스는 함락된 도시를 약탈하도록 병사들에게 하루 동안 말미를 주는데, 위대한 아르키메데스의 죽음은 로마 병사들이 시라쿠스를 약탈하는 동안 일어났다.

아르키메데스의 생애

아르키메데스는 BC 287년 고대 그리스의 주요 도시 중 하나인 시칠리(Sicily) 섬의 시라쿠스(Syracuse)에서 태어났다. 아버지 피디아스(Phidias)는 천문학자며 수학자이고 시라쿠스의 왕 히에로 2세와 친척이 된다는 것 이외엔 아르키메데스 자신이나 가족들에 관해 알려진 것이 별로 없다. BC 300년 시라쿠스는 상업, 예술과 과학의 중심지였는데, 그는 어려서부터 자연에 대한 호기심과 문제해결에 뛰어난 재주를 나타냈다.

아르키메데스는 시라쿠스에서 배울 만큼 배우자 당시 문화의 수도인 이집트 알렉산드리아로 유학을 떠난다. 기하학의 아버지라고 불리는 유클리드가 BC 300년경 알렉산드리아에서 활동하고 있었다. 그의 저서 〈기하학원론(The Elements)〉은 수학론을 기초로 한 것으로, 그 이전의 기하학 업적을 집대성함과 동시에 상당히 엄밀한 이론 체계를 구성한 기하학의 바이블이다.

아르키메데스는 알렉산드리아에서 유클리드 제자들과 함께 공부한 것으로 보인다. 그는 특히 코논(Conon of Samos, BC 280~BC 220)과 에라토스테네스(Eratosthenes, BC 285~BC 194)와 친한 사이가 되어 자신이 발견한 것을 공식적으로 발표하기 전에 두 사람들과 먼저 편지로 교류했다. 이집트에 있는 동안 농토에 물을 대기 위해 나일 강의 물을 퍼내는 수단으로 양수기(water-screw)를 발명했다.

아르키메데스는 특히 히에로 2세와의 관계로 유명한데 그는 왕의 총애를 받으며 많은 시간을 왕을 위해 문제들을 해결하는 데 보냈다. 지렛대(lever)와 복합 도르레compound pulley), 양수기, 천체모형(Alchimedes Planetarium)을 발명했다. 또한 그는 왕의 요청으로 도시 방어를 위해 전쟁에 쓰일 투석기(catapult), 공성망치(battering ram), 기중기(crane), 로마군의 배를 태울 반사경 등을 발명했다.

아르키메데스의 유명한 발견과 발명

엔지니어링에 대한 아르키메데스의 천재성은 오늘날까지도 모든 기계류의 구성 부품인 여섯 개의 단순한 부품들에 대한 그의 심오한 이해에서 잘 드러나고 있다. 아래 그림에 6개의 기계부품들— 경사면(inclined plane), 윤축(the wheel and axle), 쐐기(wedge), 나사(screw), 지렛대(lever), 도르레(pulley)—과 실생활에서의 응용이 실려 있다. 아르키메데스는 요구되는 작업을 하기 위해서 이러한 것들이 각각 얼마나 크고 힘이 세야 할지를 계산하는데 필요한 모든 수학적 공식을 생각해냈다.

아르키메데스가 연구한 여섯 개의 단순한 부품들. 오늘날까지도 모든 기계류의 구성 부품이 되고 있다.

아르키메데스 나사(Archimedes Screw) 혹은 아르키메데스 달팽이

가늘고 긴 원통 속에 나사모양으로 깊은 홈을 판 축(軸)이 들어 있으며 이것을 비스듬히 한쪽 끝을 물속에 넣고 소, 말, 또는 사람의 힘으로 원통을 회전시키면 아래쪽의 물이 나사 모양으로 된 홈의 빈 곳을 지나 올라오는 양수기이다.

아르키메데스가 이집트에 있을 때 발명했다고 하며 오늘날 아직도 강, 우물, 호수 같은 데서 물을 끌어올리는 데 쓰이고 있다. 또한 아르키메데스 나사펌프는 재, 곡물, 모래처럼 가루나 가볍고 작은 알갱이를 낮은 데서 높은 곳으로 운반하는데도 사용되고 있으며 세계적으로 다양한 용도로 쓰이고 있다. 가장 중요한 장점은 많은 양의 알갱이들을 부서뜨리지 않고, 물고기까지 다치게 하지 않은 채 물과 함

아르키메데스 나사 펌프

께 끌어올릴 수 있다는 점이다.

아르키메데스 나사펌프는 현대에 와서도 응용되고 있는데, 나사펌프를 거꾸로 작동시키면, 즉 물을 위에서 바닥으로 떨어트리면 물이 나사를 돌리면서 작은 시냇물로부터 효율적이고 경제적으로 전기를 발전시킬 수 있어 친환경적인 녹색에너지를 얻을 수 있다. 후버댐 같은 거대한 수력발전소에 설치된 터빈 날개와는 달리 아르키메데스 나사펌프 사이로는 물고기가 헤엄쳐 지나가 반대쪽으로 무사히 빠져나갈 수 있다. 이 같은 친환경 발전기가 유럽에서 세워지고 있으며, 그 중 하나는 영국 엘리자베스 여왕이 윈저성의 전력공급용으로 발주했다.

아르키메데스 갈고리(Archimedes Claw)

아르키메데스 갈고리라고 부르는 무기는 BC 213년 로마제국의 함대의 공격으로부터 시라쿠스 도시를 방어하기 위하여 아르키메데스가 발명했다. '배 흔들이(ship shaker)'라고도 불리는데 커다란 지렛대로 이루어져 있으며 한쪽 끝에는 갈고리가 달려 있다. 갈고리를 조정하여 다가오는 배의 뱃머리를 꽉 물어 배를 물에서 낚아채 들어올려 물이나 근처 바위에 집어 던져 배를 가라앉힌다. 그때 재수 없는 선원들은 배에서 사방으로 튕겨져 나간다.

아르키메데스 갈고리

아르키메데스 죽음의 광선(Archimedes Death Ray)

아르키메데스의 열광선(heat ray)이라고도 하며 시라쿠스 공성전 (BC 214~BC 212) 동안 아르키메데스가 반사경을 이용하여 적군의 배에 불을 붙여 배를 파괴하였다고 한다.

구리나 청동으로 제작된 포물면 반사판으로 초점 거리를 적절히 조정하면 실제 불을 붙일 수 있다. 오늘날 프랑스 오델로에 있는 거대 태양로(爐)도 이러한 원리를 이용하여 만들어졌다.

아르키메데스 죽음의 광선

복합도르레(Compound Pulley)

고정도르레와 움직도르레를 조합한 도르레를 복합도르레라고 하는데, 이 도르레들을 잘 조합하면 크기가 크고 무거운 물체를 들어 올려 이동시킬 수 있다. 고대 그리스의 철학자이자 작가인 플루타르크(Plutarch)는 아르키메데스가 복합도르레를 이용해 사람과 짐을 가득 실은 상선을 육지에서 어떻게 바다로 옮겼는지를 적고 있다.

아르키메데스는 또한 지레를 작동하는 데 필요한 힘, 지레의 길이, 그리고 받침점 위치 사이의 수학적 관계를 유도했다. 그의 친구 에라스토테네스(Eratosthenes)가 지구의 크기를 계산해내자 아르키메데스는 지구를 움직이는 데 필요한 지렛대의 크기를 계산하고 시라쿠스의 왕 히에로 2세에게 뽐내며 “나에게 서 있을 장소를 주시오. 그

"나에게 서 있을 장소를 주시오. 그러면 지렛대를 가지고 지구 전체를 움직이겠소."

러면 지렛대를 가지고 지구 전체를 움직이겠소(Give me a place to stand and with a lever I will move the whole world)"라고 말했다고 전해진다.

아르키메데스의 천상의(Archimedes Planetarium)

아르키메데스의 가장 존경받는 기술적 업적 중의 하나가 천상의(天象儀) 제작이다. 아르키메데스는 태양, 달, 행성들을 관찰하고 태양의 주위를 살피면서 그들의 상대적 위치와 움직임을 나타내는 천상의를 만들었다. 기원전 1세기 때 고대 로마의 웅변가 키케로(Marcus Tullius Cicero, BC 106~BC 43)는 아르키메데스에 의해 만들어진 두 천구의에 대하여 아래와 같이 기록했다.

"시라쿠스를 BC 212년에 정복한 마르켈리우스는 시라쿠스를 약탈하고 아르키메데스 천구 두 개를 로마로 가져왔다. 그 중 하나는 구(球)에 별자리와 별들을 그려놓은 천구의로 마르켈리우스는 이를 '미덕의 신전(Temple of Virtue)'에 바쳤다. 그리고 두 번째 천구의는 훨씬 더 독창적이고 창의적이어서 지구에서 바라본 태양, 달, 행성들의 움직임을 보여주는 기계적 모델로 마르켈리우스 자신이 가졌다. 아르키메데스는 인간으로서 가질 수 있다고 상상되는 것보다 더 위대한 천재성을 갖고 태어났다."

아래 그림은 신에게 바치는 대신 마르켈리우스 자신이 가졌다고

아르키메데스의 천상의 재현품

하는 아르키메데우스의 천상의를 오늘날 재현해 놓은 것이다.

아르키메데스의 원리와 금관

가장 널리 알려진 아르키메데스의 일화는 소위 '아르키메데스의 원리'라고 하는 불규칙한 물체에 대한 부피 측정의 발견에 관한 일이다. 건축가이자 저술가인 비트리비우스(Marcus Vitruvius Pollio)는 다음과 같이 기록하고 있다.

히에로 2세는 순금으로 신에게 봉헌할 왕관을 만들게 했다. 완성된 왕관을 받은 히에로 2세는 금 세공사가 혹시 은을 섞지나 않았는지 의심하여 유능한 과학수사대(CSI) 대장으로 딱 안성맞춤인 아르키메데스에게 사건을 의뢰했다. 아르키메데스는 목욕을 하려고 욕조로 들어가자 수위가 상승하는 것을 보고 유레카! 즉 왕관의 부피는 물이 가득찬 용기 속에 이를 넣을 때 밀어낸 물의 부피와 같다는 것을 깨닫는다.

따라서 왕관을 물속에 넣고 그 무게를 치환된 물의 부피로 나누면 밀도가 얻어지고 금의 밀도와 비교하면 왕관이 순금으로 되었는지 아닌지를 밝힐 수 있게 되는 것이다. 가령 이를 실험으로 해 본다면 다음 그림에서처럼 무게가 같은 왕관과 금을 물속에 천천히 잠기게 한다.

무게가 같은 왕관과 금을 물속에 천천히 잠기게 한다. 만일 저울이 어느 쪽으로도 기울어 지지 않고 그대로 있다면 왕관과 금은 똑같은 부피를 갖고 따라서 둘의 밀도는 같다. 만일 저울이 금 쪽으로 기운다면 왕관이 금보다 더 큰 부피를 갖고 따라서 더 낮은 밀도를 갖는 것을 알 수 있다.

만일 저울이 어느 쪽으로도 기울어지지 않고 그대로 있다면 왕관과 금은 똑같은 부피를 갖고 따라서 둘의 밀도는 같다. 만일 저울이 금 쪽으로 기운다면 왕관이 금보다 더 큰 부피를 갖고 따라서 더 낮은 밀도를 갖는 것을 알 수 있다.

아르키메데스는 결국 왕관이 금보다 낮은 밀도를 갖는다는 것을 밝혀내 금 세공사가 은을 섞은 속임수를 썼다는 것을 증명할 수 있었다. 무려 23세기 전 왕관을 전혀 손상시키지 않고 아르키메데스가 과학적 수사를 할 수 있었다는 것이 매우 흥미롭다.

아르키메데스의 복기지(Archimedes Palimpsest)

복기지(複記紙, Palimpsest)란 양피지 위에 썼던 글자를 지우고 다시 글을 쓴 고대 문서를 말한다. 분실된 것으로 생각돼 왔던 아르키메데스의 가장 중요한 문서가 1906년 아르키메데스 복기지에서 드러났다.

영화 인디아나 존스 같은 이 이야기는 1906년 하이베르크(Johan Heiberg) 고고학 교수가 터키의 콘스탄티노플(지금의 이스탄불)에서 책을 한권 발견하면서 시작되었다. 그때까지 아르키메데스의 수학에 관한 미스터리는 미궁에 빠져 있었다. 이 책은 콘스탄티노플이 로마제국의 마지막 전초기지였을 때인 13세기에 쓰인 기독교 기도서이다.

콘스탄티노플에는 고대 그리스의 많은 위대한 저작물이 수장되어 있었으며, 하이베르크가 발견한 이 책은 오늘날 아르키메데스의 복기지라 불린다. 복기지는 처음에 양피지에 쓰였던 문서의 잉크를 긁어내고 재활용한 고문서를 말하는데, 이는 중세시대 때 양피지 값이 워낙 비싸서 흔히 있는 일이었다.

하이베르크는 원래 수식 같은 것이 쓰여 있던 양피지 위에 이 책의 기도문들이 기록된 것을 발견했다. 원래의 수학적 내용은 수도승들이 지웠기 때문에 단지 희미한 흔적만이 남아 있을 뿐이었다. 다

양피지의 값이 너무 비싸 썼던 양피지 위의 잉크를 긁어내고 다시 쓰는 것을 복기지라고 한다.

행히도 최첨단 기술 덕분에 수학식 흔적들이 실상은 10세기에 양피지에 베껴 쓴 아르키메데스 문서 복사본이라는 실로 중대한 사실이 판명되었다.

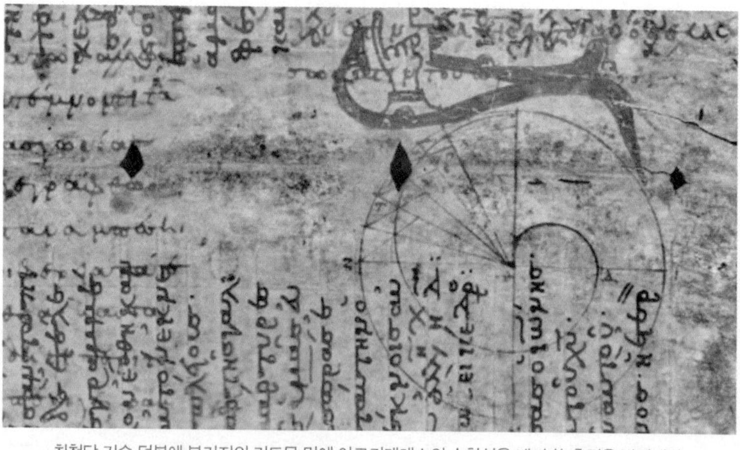

최첨단 기술 덕분에 복기지의 기도문 밑에 아르키메데스의 수학식을 베껴 쓴 흔적을 밝혀냈다.

아르키메데스의 복기지에는 6개의 논문들이 실려 있는데 다음과 같다.

1. 평면평형에 관하여
2. 나선형에 대하여
3. 원의 측정
4. 구와 원기둥에 대하여
5. 부유체에 대하여
6. 기계적 정리와 스토마키온(Stomachion: 소화불량을 일으킬 정도의 난제라는 의미) 방법

수학에 함몰된 채 맞이한 아르키메데스의 죽음

아르키메데스의 천재성 때문에 시라쿠스는 로마군을 격퇴하면서 2년 동안 오랜 포위를 견뎌냈다. 그럼에도 불구하고 마르켈루스 군대는 BC 212년 드디어 도시를 함락한다. 로마군들을 오랫동안 괴롭힌 적이긴 하지만 아르키메데스에 대한 존경심이 커서 마르켈루스는 병사를 보내 그를 모셔오도록 했다.

그러나 위대한 수학자는 너무나 골똘히 수학문제에 빠져 있어서 시라쿠스가 함락되고 로마 병사들이 도시를 약탈하며 돌아다니고 있는 것도 잘 알지 못했다.

숙소로 갈 것을 명령하는 로마 병사에게 아르키메데스는 말했다. "내 원을 그냥 내버려 두게."

로마 병사가 그에게 마루켈루스 숙소로 같이 가자고 명령할 때 아르키데메스는 땅에다가 도형을 그려 놓고 문제 풀기에 열중하고 있을 때였다. 그는 병사의 요구에 "내 원을 그냥 내버려 두게!(Do not disturb my circle!)"라고 말하면서 계속 골똘히 생각하고 있었다.

이에 격분한 병사가 75살의 괴짜 노인을 칼로 찔러 위대한 수학자는 이렇게 최후를 맞았다. 아르키메데스의 죽음에 대한 소식을 접한 마르켈루스는 크게 비탄에 잠겨 예를 갖춰 장례를 치를 것을 명령했다.

그의 묘비에는 아르키메데스가 바라던 대로 원기둥에 내접하고 있는 구의 이미지가 새겨져있다.

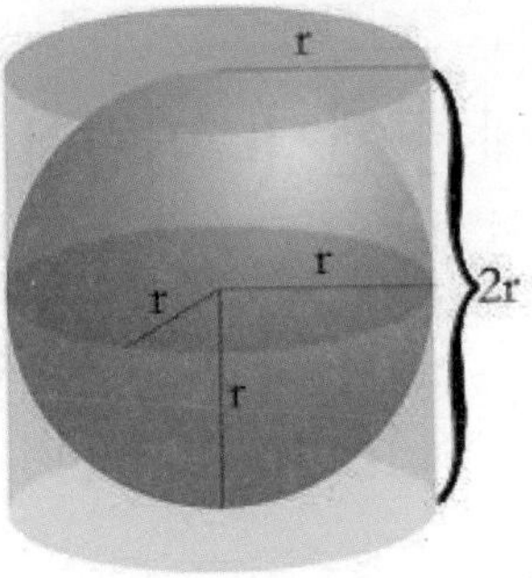

아르키메데스의 묘비에 새겨진 구(球)의 이미지

수학 역사상 가장 극적인 랜드마크는 원기둥에 내접하고 있는 구의 부피는 원기둥 부피의 2/3라는 아르키메데스의 발견이다. 아르키메데스는 다른 많은 업적이 있음에도 불구하고 이 발견이 너무 자랑스러워 영원히 기억되도록 그의 묘비에 새겨두고 싶어 했던 것이다.

07

로마제국을 세운 엔지니어링의 역할

– 토목공학, 재료공학 및 공병기술

10여 년 전, 시오노 나나미의 〈로마인 이야기〉가 베스트셀러로 서점가를 휩쓸 정도로 열풍이 불었다. 클레오파트라가 사랑한 율리우스 카이사르(Gaius Julius Caesar)부터 글레디에이터(Gladiator)에 이르기까지 로마 이야기는 항상 우리를 매료시킨다.

몇 해 전 서울 국립중앙박물관에서 로마 이전, 에트루리아 특별전이 열렸다. 로마문명에 영향을 준 에트루리아는 BC 900년부터 BC 100년까지 이탈리아 중북부 지금의 토스카나 지방에 있었던 12개의 도시 연합체로 이루어진 고대 국가로, 그리스와 로마의 문명을 연결해 주는 가교 역할을 했다.

로마는 BC 8세기경 이탈리아 중부의 작은 마을에서 시작해 점점 번창해 BC 3세기에 에트루리아의 도시들을 합병했다. 전형적인 로마 기술로 묘사되는 많은 것들이 실제로는 에트루리아 문명에서 직접 유래한 것으로, 다리뿐만 아니라 건물에서도 사용된 로마의 전형적인 석조 아치(stone arch)와 하수도가 그 사례이다. 또한 에트루리아는 기술뿐만 아니라 그리스어를 기원으로 하는 에트루리아 알파벳을 로마에 전달함으로써 그리스 문화를 소개했다.

한편 BC 146년 고대 그리스 도시국가들이 로마 공화국에 정복된 후, 고도화된 그리스의 문명—기술, 전투, 종교, 철학, 문학, 예술, 의술, 수학 및 건축—이 로마가 거대 제국을 설립하는데 밑거름이 된다.

로마의 공화정이 막을 내리고 BC 27년 아우구스투스가 로마제국을 세운 지 대략 150년이 지난 AD 117년, 트라야누스 황제 시대에 이르면 로마제국의 판도가 절정에 이른다. 다음 지도에서 보는 바와 같이 로마제국은 지중해 동부의 헬레니즘 문화권과 이집트, 유대, 서부의 옛 카르타고, 히스파니아, 갈리아 등의 기존 영토에 이어 브리타니아와 라인 강 서쪽의 게르마니아, 그리스 북쪽의 다키아까지 최대로 영토를 넓혀 제국의 면적이 500만km^2에 달했다.

로마의 역사는 로물로스(Romulus)가 BC 753년 건국하여 AD 476년에 서로마제국이 멸망하기까지 천 년 이상(동로마까지 고려하면 2000년 이상) 지속되면서 오늘날 현대 문명의 정치체제, 법률제도, 군사체제, 언어, 예술, 문학, 건축, 과학과 기술 등에 지대한 영향을 미쳤다.

117년 로마 제국은 최대로 영토를 넓혔다.

특히 로마인들은 다른 나라에서 들여온 아이디어나 발명, 기술 등을 자신들의 아이디어로 재창조하여 눈부신 결과를 만들어내는 특별한 재주가 있었는데, 실용적인 분야, 특히 토목공학과 군사공학에서 천재적이라고 할 만한 상당히 발달된 엔지니어링 업적을 남겼다.

로마 군대는 인류 역사상 가장 효과적인 전투력을 갖춘 군대로 널리 평가되고 있으며, 이후 여러 세대에 걸쳐 군사전술의 발전에 영향을 미쳤다. 로마군은 공병학과 전투공학을 핵심 전략적 역량으로 가장 먼저 격상시켰다. 오늘날까지도 샌드허스트(Sandhurst) 영국 육군사관학교와 같은 명문 군사학교에서 로마군의 전술, 훈련, 규율, 조직, 혁신을 배울 정도로 막강한 로마군은 또한 환상적인 건설자였으며, 야전에 요새를 세우고 전장 환경에서 거의 전례가 없는 통제력을 발휘했다.

거대한 로마제국 형성에 기여한 혁신적인 로마의 공학과 공병기술의 예를 적어 보면 다음과 같다.

1. 도시계획(격자무늬에 기반한 배치)
2. 로만시멘트와 콘크리트
3. 아치(Arch)
4. 아파트 건물
5. 콜로세움(원형경기장)
6. 바닥 중앙난방(hypocaust)
7. 수로(Aqueduct)
8. 하수도
9. 공중화장실
10. 공중목욕탕
11. 도로
12. 도로 표지
13. 쿠리어 서비스(Courier service)
14. 군의학(military medicine)
15. 공성(攻城)무기
16. 로마군 무기 및 전술

1964년 박정희 대통령은 차관을 얻기 위해 서독을 방문했을 때

본-쾰른 간 아우토반을 달리며 큰 감명을 받았다. 그때 고속도로의 물류 수송 능력을 보고 경제가 발전하기 위해서는 고속도로 건설이 필수적이라는 판단을 내렸다고 한다. 야당의 극심한 반대를 무릅쓰고 1970년 7월 '단군 이래 최대의 토목 공사'라고 불리는 경부고속도로가 개통되었을 때 나는 미국에서 유학중이었다. '자동차가 곧 신발'인 나라 미국에서 신발 없이 살려고 하니 이것도 엄청난 문화적 충격이었다. 가끔 시장가는 것조차 다른 유학생의 도움을 받아야 해서 귀국할 때까지 미국에서 지지리 궁상맞은 유학생활을 했다.

그런데 고대 로마는 이미 BC 312년에 로마에서 카푸아(지금 이태리 남동부의 브린디시)에 이르는 세계 최초의 돌로 포장된 도로를 건설하여 장장 2000년이 넘는 세월이 지난 오늘날에도 일부가 사용되고 있다.

수로(水路)와 함께 고대 토목기술의 최대 유산으로 꼽히는 8만 킬로미터에 달하는 간선도로는 "모든 길은 로마로 통한다"라는 말처럼, 로마가 군사, 행정, 교역, 문화교류의 세계적 중심지가 되는 역할을 했다. 동시대의 어느 나라보다 뛰어난 로마의 토목공학과 건축, 재료공학, 그리고 공병기술 중 도시계획, 도로, 중앙난방, 군의학, 무기들, 그리고 로마의 전술 중 성을 공략하는 데 사용한 유명한 거북대형을 살펴보기로 한다.

격자형 도시계획(Grid based city planning)

격자형 도시계획은 로마제국의 아이디어가 아니라 그리스에서 빌려온 것으로 전형적으로 로마제국의 필요에 따라 발전시킨 합리적 결과물이다. 로마인들의 도시계획은 중심화(centration)라고 해서 똑같은 면적으로 땅을 나누는 토지 측량 방법을 적용했다.

기본 개념은 주어진 땅을 블록으로 균등하게 나누고, 모든 도로를 남북 방향(Cardo라는 거리명으로 불림), 혹은 동서 방향(Decumanus라는 거리명)으로 축을 이루도록 하는 것이다. 두 간선 도로인 카르도와 데쿠마누스는 격자 한가운데에서 90도 각도로 교차한다. 오늘날 역사적인 격자 계획도시의 가장 좋은 예로는 이탈리아 파

피렌체의 도시계획

두아(Padua)와 피렌체(Florence), 카탈로니아 바르셀로나(Catalan Barcelona)가 있다.

도로와 간선도로

고대 로마시대에 건설된 도로망은 수도교(水道橋, aqueduct)와 함께 고대 로마 토목기술의 최대 유산으로 꼽힌다. BC 312년 감찰관 아피우스 클라우디우스 케쿠스(Appius Claudius Caecus)에 의해 시작된 아피아 도로(Appian Way)는 로마에서부터 162마일 떨어진 이탈리아 남동부의 브린디시(Brindisi)를 연결하는 세계 최초의 포장도로이며 가장 잘 정비된 로마 도로로 유명하다. 고대 지중해 세계의 뛰어난 교통망인 로마 가도는 영국에서 티그리스-유프라테스 강까지, 다뉴브 강에서 스페인과 북아프리카까지 뻗어 있다.

로마인들은 모두 5만 마일(8만 킬로미터)의 단단히 잘 포장된 고속도로를 주로 군사적 이유로 건설했으며 빨리 이동하기 위하여 가능한 한 직선도로를 만들었는데, 군대와 관공서, 특별 출입증 소지자만 이용할 수 있었다. 사람들이 차로 영국과 유럽의 도로를 주행할 때, 만일 직선도로가 1마일 이상 나오면 "이 길은 반드시 로마 도로일 것이다"라고 말하곤 한다.

로마의 도로는 작은 지방도로부터 도시, 주요 도시, 군사기지를 연결하기 위해 건설된 넓은 장거리 고속도로에 이르기까지 여러 종류가 있다. 로마의 발전이 절정에 이르렀을 때는 로마로부터 29개의 주요 군용 고속도로가 연결되었으며, 로마 제국 후기엔 113개 주가 372개의 주요 도로로 서로 연결되었다. 총 40만 킬로미터 이상의 도로가 건설되었으며, 그 중 8만 500킬로미터가 넘는 도로가 돌로 포장되어 있다.

로마는 도로를 건설하는 데 있어 천편일률적인 기술 대신 지형과 해당 지역의 사용 가능한 건축 자원에 따라 구조를 달리했다. 그럼에도 불구하고 어떤 표준 규정이 지켜지고 있어 도로의 내구성과 평탄성을 위해 항상 여러 층을 사용하였는데, 2000년이 넘는 세월

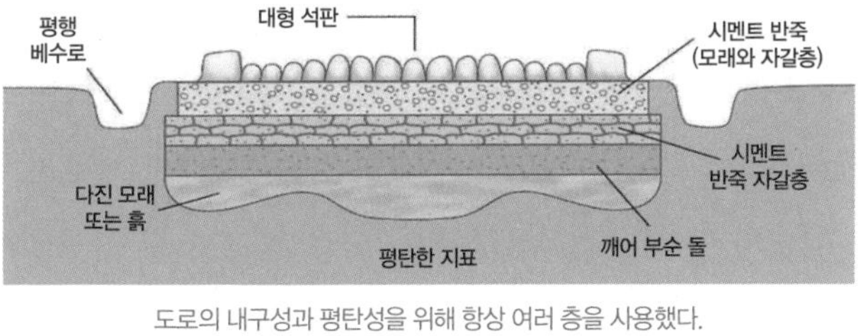

도로의 내구성과 평탄성을 위해 항상 여러 층을 사용했다.

고대 로마의 판테온

고대 로마의 하수도

고대 로마의 목욕탕

고대 로마의 수로

이 지난 오늘날에도 아직도 사용되고 있는 로마 도로가 있다. 도로 폭은 두 대의 마차가 지나갈 수 있도록 보통 5~10m, 산악지대인 경우는 2~2.5m 정도이며, 직선을 이룬 길 양쪽에 배수구가 설치되기도 했다.

그런데 21세기인 오늘날에도 기원전 고대 로마가 세운 건축물이나 사회공공시설은 그 스케일도 대단하지만 2000년의 세월을 견디는 재료와 기술의 혁신이 경이로워 로마 도로 말고도 몇 가지 예—고대 로마의 판테온, 하수도, 수로, 목욕탕—가 더 있다.

하이포코스트(hypocaust: 지하 중앙난방 시설)

하이포코스트(라틴어: hypocaustum)는 우리나라의 온돌처럼 실내 바닥 아래에서 뜨거운 공기를 생산하고 순환시키는 건물의 중앙난방 시스템을 말하는데 뜨거운 공기가 통과하는 일련의 파이프로 벽을 따뜻하게 할 수도 있다. 또한 이 공기는 위층도 따뜻하게 할 수 있다.

이 단어는 고대 그리스어 'hypo(아래)'와 'caust(불타다)'에서 유래되었으며 이러한 시스템이 최초로 언급된 것은 BC 350년의 에베소 신전(Temple of Ephess)이다. 이것의 발명은 시민의 위생과 생활 조건을 개선했으며 현대 중앙난방의 선구자가 되었다. 하이포코스트는

고대 로마의 중앙난방 시설인 하이포코스트

고대 로마의 목욕탕과 다른 공공건물을 가열하는 데 사용되었지만, 비용이 많이 들어 가정에서의 사용은 제한되었다.

고대 로마의 군의학

로마제국 시대에는 잦은 전쟁으로 인해 수많은 군인들이 수술을 필요로 하는 상처와 부상을 입었다. 따라서 로마군에는 전쟁터에서 어떤 합병증도 다룰 수 있는 의사들이 있었는데, 그들은 혈액 손실을 상당히 줄이는 방법, 심지어는 마취 방법도 고안해냈다.

최고의 외과의사(Medicus Chiurgus)는 군대에 배속되었는데, 이들 의사 중 일부는 이집트의 알렉산드리아나 그리스의 아테네 인근 의대를 다녔다. 수술은 요새나 막사 내에 위치한 군병원에서 행해졌으며 청결과 위생을 위한 조치들이 정기적으로 시행되었다. 외과의

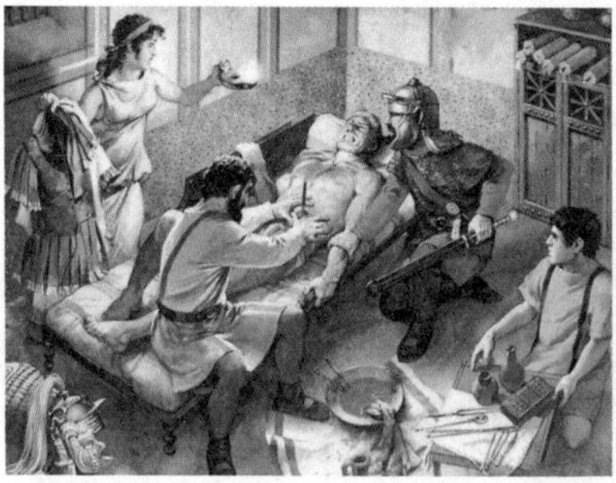

고대 로마 수술 장면

사들은 신체의 거의 모든 부분에 수술을 할 수 있는 다양한 기구들을 가지고 있었는데, 수술하기 전에 수술도구들을 매번 물에 끓여 사용했다.

고대 로마 병사의 장비

헬레니즘과 로마 공화국의 부상은 일반적으로 지중해에서 철기시대의 종말을 알리는 것으로, 로마철기(鐵器)는 침탄법으로 알려진 과정에 의해 강화되었다. 로마 군사기술은 급진적으로 발전하여 로마인들은 더 좋은 물성을 가진 무기들을 만들었다. 공화정 초기의 로마 군대보다 제국 초기의 로마 군대는 훨씬 무기와 갑옷이 잘 갖추어져 있었고, 이에 사용되는 금속은 주로 철, 청동 및 황동을 포함하고 있다.

다음 그림은 시대에 따른(BC 101년, AD 102년, AD 170년) 로마 병사의 기본적인 장비(헬멧, 갑옷, 글라디우스(검), 필룸(창), 군화, 방패)를 보여준다.

글라디우스(gladius)는 로마 공화국 후기와 로마 제국시대 대부분에서 사용된 로마군단의 주력 무기로 길이가 40~60cm 정도로 짧은 양날 칼이다.

로마 병사의 기본 장비인 헬멧, 갑옷, 글라디우스(검), 필룸(창), 군화, 방패를 장착한 모습의 변천사

필룸(pilum)은 고대 로마 병사가 사용한 대표적인 던지기 창의 일종으로, 무거운 중투척용과 가벼운 경투척용 두 가지 모델이 있다. 접근전 용으로 쓰이는 필룸은 무게가 대략 2킬로그램이 나가는 중투척 무기로 적군에게 심각한 부상을 줄 수 있으며, 반대로 경투척용 필룸은 멀리 던지기용으로 로마 병사는 여러 개의 필룸을 가지고 다녔다.

공성(攻城) 무기와 거북대형

로마인들은 수 세기 동안 전쟁터에서 그들에게 우위를 점하게 하고 광대한 영토를 정복할 수 있도록 한 가공할 만한 무기를 가지고 있었다. 공성(攻城)전에서 방어 및 공격적 역할을 모두 수행하는 발리스타(ballista)와 오나거(Onager) 같은 포병 무기는 로마의 무기 중에서 가장 끔찍하고 기술적으로 진보된 무기로 고대판 미사일이라 할 수 있다.

1. 발리스타(그리스어 ballistra: 석궁)

그리스에서 유래되었다고 하며, 활의 원리를 이용하여, 직사각형 목제의 틀에 동물의 힘줄, 말총, 내장 등으로 만든 시위를 걸고 그 장력(張力)을 이용해 돌, 나무 탄알, 화살, 창 등을 날리도록 만든 장치이다. 로마 기술자들은 다수의 금속 부품을 추가하여 디자인을 개선함으로써 더 가볍고 조립하기 쉬운 발리스타를 만들었을 뿐만 아니라 힘을 약 25% 증가시킴으로써 정확성을 향상시켰다. 큰 것은 22kg 무게의 돌을 270~370m까지 날릴 수 있을 정도로 강력했으며 작은 것은 캐터펄트(catapult), 큰 것은 발리스타라 했다.

발리스타

2. 오나거(onager)

오나거는 고대 로마에서 사용한 투석 공성(攻城)무기의 일종이다. 발사할 때 반동하는 모습이 꼭 당나귀가 뒷발을 차는 동작과 닮았다 하여 오나거(Onager: '당나귀'라는 뜻)라는 이름이 붙었다. 지렛대 원리를 이용해 돌, 창, 화살 등을 투척했고, 황소의 힘줄이나 머리카락을 꼬아 만든 밧줄로 투척에 필요한 탄성을 얻었다.

오나거

3. 거북대형(귀갑대형, testudo: tortoise formation)

로마 군대는 가장 군기가 잘 잡힌 병사들과 뛰어난 지휘 체제와 전술로 유명한데, 전쟁에서 거북대형은 로마 군단이 흔히 사용하는 방패벽 형성의 일종으로, 주로 포위공격 동안 사용된 진형이다.

전방과 측면의 병사들은 방패를 서로 맞물리게 끼우고 뒷줄의 병사들은 머리 위에 방패를 얹어 병사들 머리 위에 거북이 껍질 같은

로마군단이 흔히 사용한 거북대형

거북대형은 주로 포위공격에 사용된다.

보호판을 형성했다. 거북대형은 매우 강하고 빽빽히 밀집된 진형으로 머리 위 보호판 위로 병사들이 걸어 다닐 수 있을 정도였다고 한다.

21세기에도 고대 로마의 귀갑대형이 활용되고 있는데, 2014년 우

2014년 우크라이나의 키예프(Kiev)에서 로마군의 귀갑대형 전술을 사용하여
폭동 진압경찰들이 자신들을 방어하고 있다.

크라이나의 키예프(Kiev)에서 폭동진압 경찰들이 로마군의 귀갑대형 전술을 자신들의 방어에 이용했다.

08

공학계의 전설 레오나르도 다빈치

– 군사 건축가이자 탁월한 엔지니어

2019년은 이탈리아의 르네상스 거장 레오나르도 다빈치가 1519년 5월 사망한 지 500주년이 되는 해로 유럽의 박물관들은 이 위대한 팔방미인의 삶과 업적을 기념하기 위해 특별전시회를 개최했다. 아마 초등학생도 레오나르도 다빈치하면 그의 불후의 명작 '모나리자'와 '최후의 만찬'을 말할 수 있을 정도로 역사상 가장 유명한 예술가들

레오나르도 다빈치(1452~1519)

중 한 사람이다.

그런데 19세기까지 레오나르도 다빈치는 단지 화가로서만 알려져 있었는데, 1800년대에 다빈치의 고문서(codex)가 세상에 나타나면서 실상은 자신의 시대를 훨씬 앞선 과학과 공학계의 전설임이 밝혀졌다.

레오나르도의 과학적 유산은 약 8천 페이지에 달하는 30여 종의 고문서들에서 찾아볼 수 있다. 독특하게 남이 잘 읽을 수 없도록 거울 문자(mirror writing, 거울에 비추면 바로 보이게 글자를 거꾸로 쓰는 것)로 기록된 코덱스에서 다빈치의 매우 특별한 관찰 능력과 데이터 기록들을 볼 수 있다.

다빈치는 1506년~1510년 사이에 연구, 분석 및 저술의 걸작인 코덱스 레스터(Codex Leicester)라는 가장 포괄적인 문서 중 하나를 완성했다. 1690년 로마의 오래된 창고에 보관 중이던 한 궤짝에서 발견된 원고는 모두 72페이지이지만, 천문학에서 유체역학에 이르기까지 다양한 주제에 관한 그의 생각을 기록하고 있다.

이 코덱스 레스터는 경매에서 마이크로소프트 회장 빌 게이츠가 3080만 달러에 사들여 개인 소장하고 있으나 그 밖의 모든 코덱스들은 세계 여러 박물관이나 도서관에서 소장하고 있다. 아직도 코덱스가 발견되고 있으며 마드리드 코덱스(Madrid Codex)는 1967년

빅토리아-앨버트 박물관에 소장 중인 다빈치의 코덱스 포르스터(Codex Forster)

에 발굴되었다. 위의 사진은 빅토리아-앨버트 박물관(Victoria and Albert Museum)에서 소장하고 있는 다빈치의 3권의 '코덱스 포르스터(Codex Forster)'이다.

한편 다빈치의 천재성은 예술에만 국한된 것이 아니라 모든 과학과 공학 분야—수학, 기하학, 광학, 역학, 지질학, 해부학, 천문학, 식물학, 유체역학, 토목, 건축, 기계공학, 군사공학—를 망라하고 있어, 역사상 지금까지 살았던 사람 중 가장 다양한 재능을 가진 사람이라 할 수 있겠다.

다빈치가 죽은 지 30년이 지난 1568년, 세계 최초의 본격적인 미술사 〈미술가 열전〉을 쓴 이탈리아 르네상스 시대의 화가이자 건축가 조르지오 바사리(Georgio Vasari)는 '레오나르도 다빈치' 편에서 다음과 같이 말한다.

"우리는 많은 남자나 여자가 놀라운 재능을 갖고 태어나는 것을 본다. 그러나 때때로, 자연을 초월하여 신의 은총이 한 사람에게 집중되어 경탄할 정도의 아름다움과 우아함과 재능을 부여받아 사람들 속에서 홀로 밝게 빛나는 사람이 있다. 그의 모든 행동은 영감을 받은 것처럼 보이며, 실제로 그가 하는 모든 것은 인간의 능력이라기보다는 신으로부터 온다고 할 수 있다. 뛰어난 신체적 아름다움을 지닌 예술가 레오나르도 다빈치가 바로 그런 사람이다. 다빈치는 그가 하는 모든 일에서 무한한 우아함을 발휘하고, 천재적 재능을 살려 모든 문제를 쉽게 해결한다."

그런데 레오나르도 다빈치는 정식 교육을 받은 적이 없어 독학으로 과학과 공학을 공부했다. 다빈치는 자신이 쓴 코덱스를 통해 종종 '학문의 부족'을 시사하면서 자기발전(self-betterment)을 위한 야심찬 프로그램을 마련하는데, 이러한 계획에는 라틴어를 독학하고 어휘력, 역사 지식, 고급수학, 과학, 철학을 크게 향상시키는 방법들을 연구하는 것이 포함되어 있다.

여기에서는 무기 디자이너이자 군사 엔지니어로서의 다빈치의 생애를 살펴보고자 한다.

15세기 이탈리아와 청소년 시절

다빈치가 태어난 15세기의 이탈리아는 오늘날과 달라서, 로마로부터 통치되는 하나의 국가 대신 다수의 도시국가들로 구성되어 있었다. 이 도시국가들은 때때로 서로 전쟁 중이거나 또는 조약과 동맹으로 맺어져 있었는데, 주요 국가들로는 교황이 통치하는 교황국(Papal States), 나폴리 왕국(the Kingdom of Naples), 밀라노 공국(the Duchy of Milan), 피렌체 공화국(Republic of Florence)과 베니스 공화국(Republic of Venice) 등이 있다.

다수의 도시국가로 구성된 1490년 이탈리아 지도

레오나르도 다빈치는 1452년, 메디치가가 지배하는 피렌체 공화국에 속한 빈치(Vinci)의 투스칸(Tuscan) 마을에서 부유한 공증인과 농부의 딸 사이에서 사생아로 태어났다. 어렸을 때부터 아들의 예술적 재능을 알아본 아버지는 그를 14살 때 피렌체에서 가장 유명한 조각가이며 화가인 안드레아 델 베로키오(Andrea del Verrocchio)의 도제로 보낸다.

제자의 특출한 재능을 알아본 베로키오는 레오나르도에게 그림을 맡기고, 자신은 조각에만 몰두할 정도로 레오나르도를 제자가 아닌 화가로서 존중했다. 레오나르도는 그곳에서 폭넓은 이론적인 훈련과 전문적인 기술을 습득한 후 1472년 스무 살에 피렌체 화가 조합에 등록하여 한 사람의 화가로 알려지게 되었으며, 1478년 26살의 레오나르도는 독립적인 마스터 화가가 되어 수많은 고객을 확보했다. 그는 이제 명인이었지만 피렌체에서의 자신의 삶에 만족하지 못했다. 그에게 그림만큼이나 흥미를 준 분야가 과학인데, 30살이 되던 1482년 레오나르도는 시야를 넓히기로 결심한다.

레오나르도와 스포르차 공작: 밀라노 시절(1482~1499)

밀라노는 남서 유럽에서 전략적 위치를 차지하고 있어 수세기 동안 군사적 분쟁의 중심지였다. 1480년대는 이 지역이 전쟁 중이어서 군사 요새를 설계할 기술자들이 필요했다. 레오나르도는 밀라노 공국을 철권통치로 지배하고 있던 루도비코 스포르차(Duke Ludovico Sforza) 공작에게 군사 엔지니어(military engineer) 자리에 지원하면서 자신의 10가지 능력 목록을 상세히 설명하는 세계 최고의 자소서(!)를 다음과 같이 썼다. 흥미롭게도 자신의 예술적 천재성은 그저 끝에 가서야 언급할 뿐이었다.

군사 엔지니어 취업을 위한 레오나르도 다빈치의 자소서

1. 나는 매우 가볍고 강력하며 쉽게 이동할 수 있고 어떤 경우에는 적을 피하여 도망칠 수 있는 교량을 계획하고 있다. 이는 불 또는 전투에도 견고하고 파괴되지도 않으며, 쉽고 편리하게 들어올려 제자리에 놓기도 하며 또한 적의 것을 불태우거나 파괴하는 수단이 되기도 한다.

2. 나는 포위 공격 과정에서 해자의 물을 제거하는 방법과 그와 같은 모험적 작업에 필요한 무수히 많은 다리, 병사를 위한 방탄막, 높은 성벽을 올라가기 위한 사다리 등 기타 도구를 만드는 방법을 안다.

3. 나는 지형을 포위할 때 빙하의 높이나 상황과 위치의 견고성 때문에 포격으로 진행할 수 없다면, 바위 위에 세워져 있지 않는 한 모든 요새나 다른 목줄을 파괴할 수 있는 방법을 가지고 있다.

4. 나는 또한 가장 편리하고 쉽게 이동할 수 있는 대포 유형을 가지고 있는데, 그것은 거의 우박을 동반한 폭풍우처럼 작은 돌을 던질 수 있다. 그리고 대포에서 나오는 연기는 심각한 피해와 혼란을 야기해 적에게 커다란 공포를 안겨줄 것이다.

5. 나는 해자나 강 밑을 통과해야 하는 경우에도 소음 없이 완전히 건설된 갱이나 구불구불한 비밀통로를 통해 지정된 지점에 도착할 수 있는 방법을 가지고 있다.

6. 나는 적과 그들의 포병을 돌파할 수 있는, 안전하고 난공불락의 덮개차량을 만들 것이며, 그것이 뚫지 못할 정도로 위대한 무장병들은 한 사람도 없다. 또한 이들 뒤에는 보병들이 다치지 않고 방해받지 않고 따라갈 수 있을 것이다.

7. 나는 만약 필요하다면, 아주 아름답고 기능적인 디자인의 대포와 박격포 및 경병기를 만들겠다.

8. 대포의 사용이 현실적으로 불가능한 곳에서, 나는 일반적으로 사용되지 않는 훌륭한 효율을 가진 투석기, 망고넬(mangonels), 트레버킷(trebuckets) 및 기타 기구들을 만들 것이다. 요컨대 상황의 다양성이 요구하는 대로 나는 공격과 방어를 위한 무한한 수의 장비들을 만들겠다.

9. 해상 전투가 벌어지면 나는 공격이나 방어에 적합한 많은 도구와 가장 무거운 대포탄과 화약과 연기의 불길을 막아줄 수 있는 기술을 가지고 있다.

10. 나는 평화로운 시기에는 건축 분야, 공공건물과 민간 건물의

건설, 그리고 한 장소에서 다른 장소로 물을 공급하는 데 있어서 다른 어떤 것에 못지 않는 완전한 만족을 줄 수 있다. 또한 나는 대리석, 청동, 점토로 조각을 할 수 있으며 마찬가지로 그림에서도 어느 누구 못지않게 잘할 수 있다.

덧붙여 당신의 아버지, 영주에 대한 상서로운 기억과 저명한 스포르차 가문에 대한 불후의 영광과 영원한 영예를 부여할 청동 기마상을 세울 것이다.

그리고 위에서 말한 것 중 어떤 것이라도 어느 누구에게도 불가능하거나 실행 불가능해 보인다면, 기꺼이 당신의 공원이나 어떤 장소에서라도 그것을 시연할 용의가 있으며 나는 전적으로 공손한 마음을 가지고 내 자신을 추천한다.

레오나르도의 자소서는 소기의 성과를 거두어, 그는 결국 스포르차 가문의 군사 엔지니어로 고용되었다. 그로부터 10년 후 다빈치에게 최후의 만찬을 그리게 한 사람도 스포르차 공작이다.

서른 살에 밀라노에 온 다빈치는 자신의 엔지니어링 재능을 탐구하면서, 점점 더 많은 시간과 노력을 들여 체계적으로 과학적 연구를 추구한다. 또한 그는 밀라노에서 군사 기술자로 일하면서 탱크, 투석기, 잠수함, 기관총 및 기타 무기와 같은 전쟁 장비를 연구하고 설계했으며 레버, 기어, 크레인, 유압 장치, 볼 베어링, 자전거 및 비행기의 기계장치에 초점을 맞추어 연구했다.

17년 동안의 밀라노 시절, 레오나르도가 수백 년이나 시대를 앞질러 고안한 주요 발명품들 중에는 다음에 소개하는 비행기, 탱크, 기관총, 잠수복, 인간형 로봇 등이 있다. 만약 그것들이 만들어졌다면 기술사에 혁명을 불러왔겠지만 그러나 그 시절 세계는 레오나르도 다빈치를 위해 준비가 되어 있지 않았다.

현대 공학 최초의 엔지니어로서의 주요 발명품

1. 비행기계

인간동력날갯짓 비행체(ornithopter)라고 알려진 이 비행기계는 자연에서 박쥐와 새들로부터 영감을 얻었다. 레오나르도는 중앙에 위치한 조종사가 막대-도르레(rod-and-pulley system)장치에 연결된 크랭크를 밟아 기계가 움직이도록 설계하였는데, 날개는 공중에서 새의 날개처럼 날도록 설계되었다.

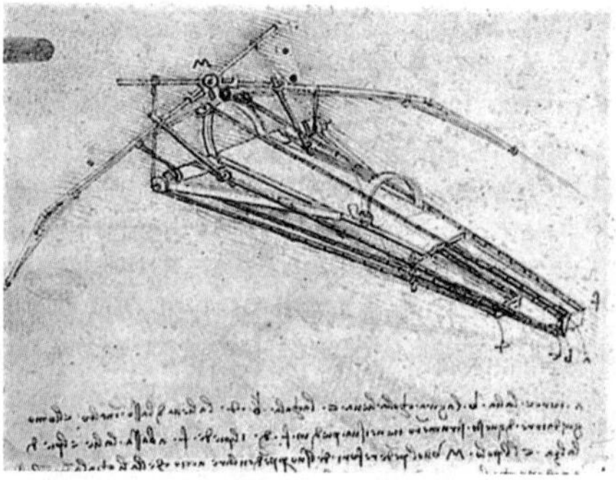

비행기계

2. 잠수복

1499년, 레오나르도는 사람이 물속에서 숨을 쉴 수 있는 방법을 고안했다. 잠수복은 돼지가죽으로 만들었으며, 윗도리, 바지와 유리 고글이 장착된 마스크로 구성되어 있다. 잠수복 겉면에는 생선기름을 발랐으며, 수면에 잘 뜰 수 있도록 가슴에 큰 공기주머니가 달려 있다. 대나무로 만들어지고 강철 고리로 보강된 두 개의 속이 빈 호흡관은 다이버의 입과 코에서 수면 위로 연결된다.

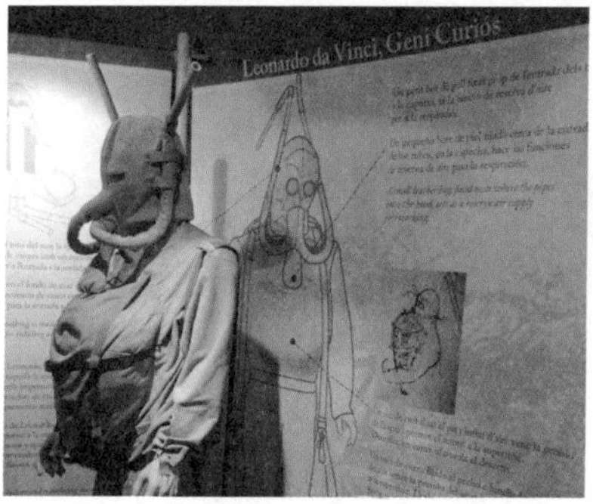

다빈치가 고안한 잠수복

3. 장갑차

때때로 현대 탱크의 원형이라고 묘사되는 레오나르도의 장갑차는 거북이의 껍데기에서 영감을 얻은 원뿔형 덮개로 되어 있다. 덮개는 목재로 만들고, 금속판으로 보강하여 두께를 더 했으며 비스듬히 기울어진 각도는 적의 포화를 피하기 위해서다. 이 기계는 네 명의 힘센 병사들에 의해 작동되는 두 개의 커다란 내부 크랭크에 의해 구동되는데, 장갑차에는 일렬로 늘어선 경대포가 장착되어 있다.

장갑차

4. 기관총

다빈치의 기관총은 현대의 기관총과는 다르다. 총은 한 번 쏘고 장전하는데 시간이 걸리므로 다빈치의 기관총은 사각형 판 위에 11자루의 장총을 나란히 고정시켜 한 번에 집중사격을 할 수 있도록 되어 있다. 이러한 사각형 판 3개를 삼각 형태로 놓은 뒤 손잡이를

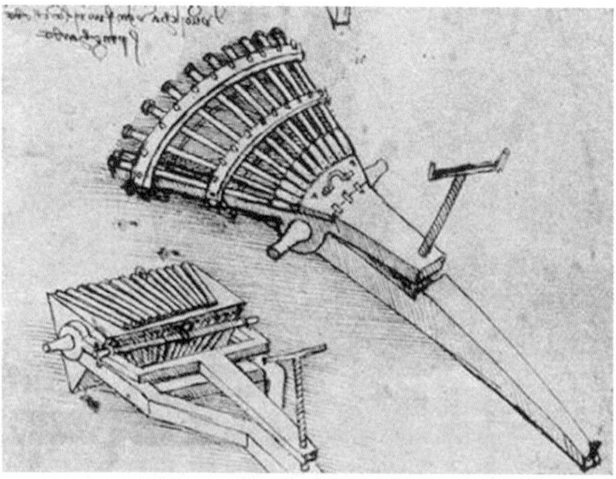

다빈치의 기관총

돌려 첫 번째 판의 11발을 발사한 후, 다시 두 번째 칸을 돌려 총을 쏘는 과정을 반복한다. 급속 발사는 거의 불가능하지만 이 디자인은 독창적인 조준 및 장전 메커니즘을 갖추고 있다.

5. 인간형 로봇(humanoid Robot)

2002년 로봇공학자 마크 로스하임(Mark Rosheim)이 다빈치 도면을 청사진으로 사용하여 걷고 손을 흔들 수 있는 로봇 기사의 원형(prototype)을 재현해냈다.

1499년 프랑스가 밀라노를 침략하여, 레오나르도 다빈치의 후원자인 루도비코 스포르차가 패배하여 투옥되자 다빈치는 직장을 잃게 된다. 프랑스 군대가 밀라노에서 승리한 지 3개월 후인 1500년 1월 다빈치는 17년을 보낸 밀라노를 뒤로 하고 새로운 일자리를 찾아 길을 떠났다.

다빈치는 동쪽으로 만투아(Mantua)를 거쳐 베네치아로 갔다. 당시 베네치아는 오스만 제국과 전쟁 중에 있었다. 베네치아 원로원은 50년 전 콘스탄티노플 정복에 이어 제국 확장을 계속하려는 오스만 투르크족으로부터 운하와 도시를 보호하는 방법에 대하여 군사 엔지니어인 다빈치의 조언을 구했다.

다빈치는 그들과 싸우기 위해 이동식 댐과 현대 스쿠버 장비와 비슷한 수중 잠수복 두 가지를 제안한다. 즉 베네치아인들이 적을

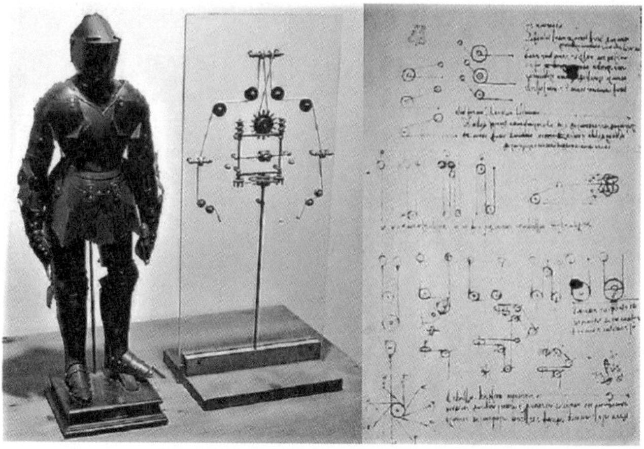

다빈치의 도면(오른쪽)을 토대로 만들어낸 로봇 기사

가까운 계곡으로 끌어들여 이동시킬 수 있는 댐을 무너뜨려 침략군을 익사시키고, 현대 스쿠버 장비와 유사한 잠수장비를 가지고 수중에서 오스만 함선의 바닥에 구멍을 뚫어 수중 공격을 가한다는 것이다.

베네치아 원로원은 아마도 이 계획이 황당하다고 생각했는지 어느 것도 채택하지 않았다. 레오나르도는 자신의 디자인에 대한 기술적인 세부사항이 범죄자들의 손에 넘어가지 않도록 조심하였지만, 전쟁의 어느 쪽이 그것을 사용하는지에 대해서는 신경을 쓰지 않는 것 같았다.

기둥 없는 레오나르도 다리

1502년, 오스만 제국의 술탄은 이스탄불의 골든 혼(Golden Horn)을 가로 지르는 다리를 설계할 토목기사를 고용하기 위해 로마로 왔다. 다빈치는 일생 동안 밀라노 공작에서부터 프랑스 왕까지 수많은 강력한 후원자들을 가지고 있었는데, 그는 1502년 술탄 바예지드 2세(Sultan Sultan Bayezid II)에게 후원을 요청하는 다음과 같은 구직서를 보냈다.

> "당신의 충실한 종인 저는 귀하께서 갈라(Galara)에서 스탐불(Stamble)까지 다리를 세우고자 하고 계시지만 이를 가능하게 할 전문가가 없기 때문에 그렇게 하지 못한 것을 알고 있습니다. 당신의 충실한 종인 저는 그 방법을 알고 있습니다."

– 레오나르도 다빈치가 술탄 바예지드 2세에게 보내는 편지(1502)

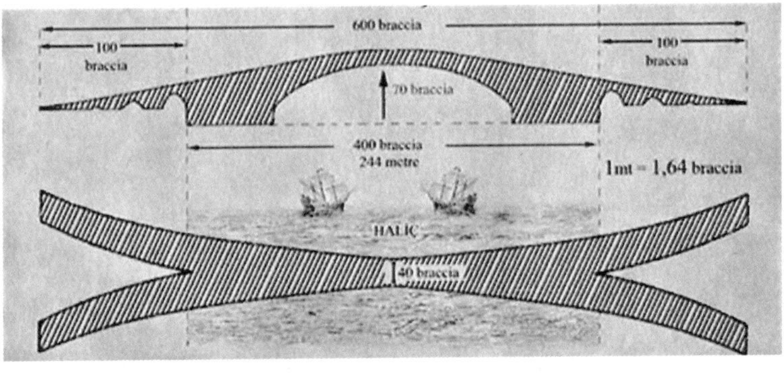

다빈치가 설계한 기둥 없는 구조의 다리 스케치

다빈치 스케치를 토대로 바비에른 산이 기둥 없는 다리를 재현했다.

다빈치는 술탄에게 구직서를 보내며 창조적인 예술성과 토목공학의 아름다운 시너지를 나타내는 다리 구조를 노트에 스케치했다. 이 다리는 240미터 폭의 골든 혼에 걸쳐 있으며, 포물선 아치는 물 위 43미터까지 솟아 있다. 강 양쪽의 육상 부분까지 합치면 총길이 366미터이며 아치 자체의 최고 높이는 24미터에 이른다. 그러나 술탄은 보스포루스 강을 가로지르는 기둥 없는 구조물의 거대한 규모와 대담한 설계에 압도되어, 그 가능성에 대한 의구심을 갖게 되어 위대한 다리는 결코 건설되지 않았다.

그러나 위 사진에서 보는 것처럼 2001년 노르웨이 오슬로 인근에 현대 예술가 바비에른 산(Vebjørn Sand)이 레오나르도 다빈치의 기둥 없는 골든 혼 다리의 소규모 버전을 건설하였는데, 이는 다빈치 스케치를 기반으로 한 최초의 토목 공학 프로젝트이다.

르네상스 시대의 세 거인:
보르자, 다빈치, 마키아벨리의 운명적 담합

이탈리아 르네상스가 절정에 달했던 1502년 후반, 가장 독특하면서도 이질적인 인물들—체사레 보르자(Cesare Borgia), 레오나르도 다빈치, 니콜로 마키아벨리(Niccolò Machiavelli)—세 명이 이탈리아 북동부에 있는 로마냐(Romagna)의 외딴 언덕 지역을 여행한다. 모두 르네상스 시대의 거인들인 이들 무자비한 전사(戰士), 예술가, 철학자가 이탈리아 북부에서 전쟁을 벌이면서 어떤 일이 일어났는가?

체사레 보르자는 교황 알렉산더 6세(Pope Alexander VI)의 사생아로 태어나 열여덟 살에 추기경으로 서품을 받았다. 그는 잔인하고 속임수에 능하며, 여동생과 근친상간을 범하고 교황군의 총사령관인 자신의 형을 살해하고 그 자리를 대신 차지하였으며, 1498년 스물세 살 때 역사적으로 추기경직을 사임하고 총사령관이 되는 첫 번째 사람이 되었다.

이탈리아에서 가장 잘생긴 남자로 유명한 보르자는 목적을 위해서라면 수단과 방법을 가리지 않고 쟁취하여 1502년 27세의 그는 권력의 정점에 올라 당시 사람들이 가장 두려워했던 사람 중 한 명이다. 매우 잘생겼지만 냉혹하고 간교한 보르자가 예수 초상화의 모델이 되었다고 주장하는 설이 있다. 즉 소설 〈삼총사〉, 〈몬테크리스토 백작〉으로 세계적으로 유명한 프랑스의 소설가 알렉상드르 뒤마

체사레 보르자(1475~1507)

(Alexandre Duma)에 따르면 예수는 유대인이기 때문에 원래는 예수의 초상화가 비유럽인으로 그려졌다고 한다. 그런데 이것이 마음에 들지 않은 교황 알렉산더 6세가 좀 더 유럽인처럼 보이도록, 자신의 아들 체사레 보르자를 모델로 하여 예수의 초상화를 그리도록 의뢰하여 보르자와 닮은 예수의 초상화가 만들어졌고 그 이후 예수의 얼굴이 시대에 따라 변해졌다는 것이다.

보르자는 아버지이자 교황인 알렉산더 6세가 원했던 이탈리아가 하나로 통일되는 과업을 성취하기 위하여 교황군 총사령관으로 이탈리아의 로마냐 지방을 거의 다 정복하여 지배했다.

보르자는 이탈리아 중부 전역을 정복하기 위해 떠나면서 다빈치의 천재성을 알아보고 지역의 성과 방어 시설을 강화하고 그가 노트에 설계한 수많은 혁신적인 새 군사 기계를 만들도록 수석 군사 건축가 겸 엔지니어 자리를 제공한다.

니콜로 마키아벨리(1469~1527)

1502년 8월, 50세의 다빈치는 피렌체를 떠나 27세의 젊은 보르자와 합류하는데, 두 사람은 서로의 업적에 매료되었다.

한편 두 사람과 동행하는 수수께끼 같은 인물로 마키아벨리가 있었다. 그는 정치 철학자 겸 정치가로, 1513년에 출판된 정치학 논문 〈군주론(The Prince)〉으로 오늘날까지도 유명하다. 마키아벨리는 피렌체 당국에서 파견한 대사였는데, 아페닌 산맥을 넘어 로마냐 서쪽에 위치한 피렌체는 특히 보르자의 영토 야심에 취약했다. 그래서 마키아벨리는 보르자와 같이 여행하면서 친분을 쌓아 그의 의도를 알아내라는 임무를 띠고 있었다.

마키아벨리는 이탈리아 로마냐에서 보르자가 군사작전을 하는 동안 그를 관찰하였으며, 명저 〈군주론〉에서 이상적인 군주의 모델로 보르자를 그렸다고 흔히들 이야기한다.

보르자는 자신의 영토를 여행하며 다빈치가 모든 계획된 건축물을 검사하고 측량하며 지시할 수 있는 무제한의 출입증을 제공한다. 다빈치는 다양한 전쟁무기들을 연구하고, 토스카나 전역의 요새들을 조사하여 습지를 배수했으며, 또한 보르자는 요새를 만들라고 의뢰하기도 했다.

다빈치의 이몰라 평면도(Plan of Imola)

다빈치는 로마냐(Romania) 곳곳을 다니며 마침내 이몰라(Imola)로 가는데, 그곳에서 보르자는 겨울 숙소를 차렸고, 도시는 공격이 예상됨에 따라 삼엄하게 요새화되었다. 이몰라에서 군사작전을 하는 동안, 레오나르도 다빈치는 도시의 방어를 강화하기 위한 계획으로 이몰라 지도를 작성하는 임무를 맡았다.

대부분의 르네상스 지도는 용(龍), 성(城), 기복이 많은 산허리를 공상적으로 포함시킨 것으로 알려졌으며 종종 상징적인 경향이 있어 종교적인 건물의 크기를 교묘하게 부풀렸다. 레오나르도의 '이몰라 지도'는 이러한 전통과 결별하고 현실을 반영하여, 보다 실용적으로 활용할 수 있는 지도를 제공하고자 하였다.

도시의 광장은 격자 한가운데에 고정되어 있었고, 그로부터 나침반의 8개 방향으로 뻗어 나갔다. 역사학자들은 레오나르도가 이 중

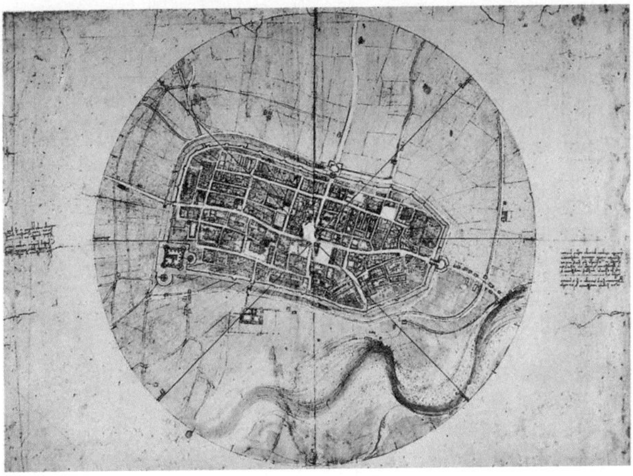

다빈치의 이몰라 평면도(1502)

심점에서 출발하여 나침반과 주행 기록계를 사용하여 거리와 랜드마크를 측정함으로써 지상의 데이터를 수집했다고 믿는다. 기하학을 사용하여 나머지 지도들을 채울 수 있었다.

그가 만든 지도는 이제 사상 최초로 과학적으로 정확한 지도 중 하나로 유명하며, 현존하는 가장 오래된 평면도(ichnographic) 지도라고 보고되었다. 이 단순한 시각 변화는 어떻게 전쟁을 치러야 하는가를 변화시켰다.

역사가들에 따르면 이몰라 평면도는 5세기 후에도 도시를 탐험하는 데 사용될 수 있다고 한다.

피사로부터 아르노 강을 훔치려는 다빈치의 웅대한 꿈

1503년, 니콜로 마키아벨리와 이탈리아의 도시 피렌체는 둘 다 큰 곤경에 처해 있었다. 내부 반란은 마키아벨리가 섬겼던 피렌체 공화정 정부를 무너뜨리겠다고 위협했으며, 도시 전체는 피사와 전쟁을 벌이고 있었다. 피사와 피렌체 두 도시 모두 아르노 강(Arno River)에 위치해 있고 더구나 더 상류 쪽에 있는 피사가 잠재적으로 강을 댐으로 막아 피렌체의 바다 접근을 막을 수 있다.

마키아벨리는 보르자의 궁정에서 다빈치와 가까워지게 되자, 어떻게 하면 피렌체가 전쟁에서 피사를 이길 수 있을지를 묻는다. 이때 르네상스 천재 다빈치는 "아르노 강을 피사로부터 훔치면 된다"는 너무나 웅대해서 황당무계하게 들리는 계획을 말한다. 즉 다빈치

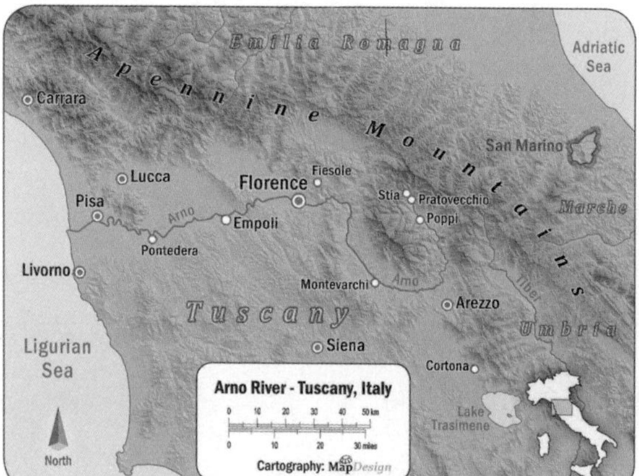

피사와 피렌체, 두 도시 모두 아르노 강에 위치해 있다.

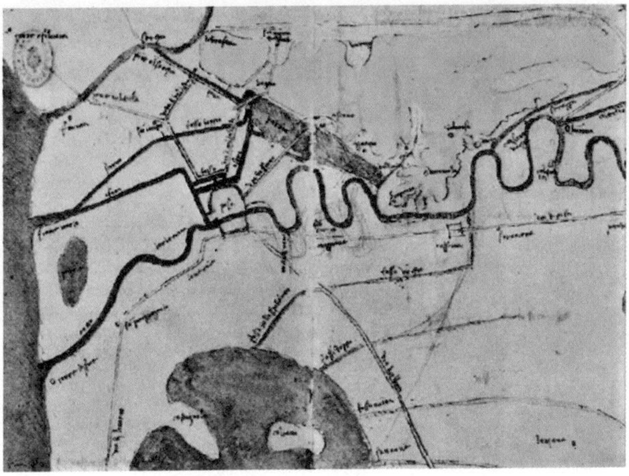

아르노강의 흐름을 바꾸기 위한 다빈치 지도(1503)

의 아이디어는 일련의 운하, 수문, 댐을 사용하여 아르노 강의 흐름을 바꿔 강물이 피사로 흘러가는 대신 피렌체로 흘러들어가게 하겠다는 것이다. 만약 이 담대한 계획이 성공한다면 피사는 가뭄에 시달리게 될 것이며 피렌체는 부유한 항구로 변하고 또한 강물이 일련의 운하로 연결되면 피렌체에서 선박이 지중해로 항해할 수 있게 된다.

그리고 물론 이 계획의 성공 여부에 두 사람의 명성이 달려 있어, 만일 강의 흐름이 성공적으로 바뀌게 되면 마키아벨리는 피렌체 지역에서 큰 정치적 영향력을 행사할 것이며 다빈치는 엄청난 부자가 될 것이다. 다빈치는 아르노의 상세 지도를 만들어 피사로부터 강 전체를 훔칠 계획을 세웠다.

레오나르도 다빈치의 걸작 모나리자(1503)

이 프로젝트를 위해 다빈치는 피렌체에서 활동하였는데, 성공을 위해 필요한 것은 기존 수로의 변경과 날렵한 운하 및 한 번도 본 적이 없는 수문의 제작이었다. 이를 위해서는 정확한 지형도와 정밀한 측량, 지형에 대한 측정, 계곡과 산길을 통과하는 최고의 운하 경로를 배치했다. 다빈치가 개발한 전문가 설문조사 및 지도는 현대지도 제작의 기초가 되었다.

다빈치는 아르노 강의 일부를 다른 곳으로 돌리기 위한 여러 가지 구도를 조사하던 중, 다시 한 번 그 지역의 아름다움에 매혹당해, 미래의 그림들을 위한 수많은 스케치를 만들었다. 다빈치가 모나리자를 그리기 시작한 것도 이 시기였고, 그 배경에는 아름다운 아르노 강과 주변 경관의 전경이 그대로 녹아 있다.

그러나 불행하게도 16세기 기술에 비해 다빈치의 계획은 너무나 웅대해서 성공하지 못한다. 수로의 건설을 감독하기 위해 선정된 수압 기술자 마스터 콜롬비노(Master Colombino)는 모든 면에서 비능률적이었고 레오나르도가 그토록 주의깊게 고안해낸 계획을 그대로 따르지 않았다. 운하는 너무 얕아서 대량의 물을 우회시킬 수 없었고, 건설업자들이 운하를 깊게 파려고 하자 큰 홍수와 폭풍으로 인해 둑이 무너지고 말았다. 이로써 황당하기까지 한 르네상스 천재 레오나르도의 꿈은 막을 내렸다. 그러나 한여름밤의 꿈이라고 해도 이렇게 장대한 꿈을 꾸고 계획할 수 있다는 것만 해도 얼마나 가슴이 뛰는 일일까?

이후 수세기에 걸쳐 반복적으로 고려된 이 프로젝트는 결코 수행되지 않았지만 수세기 후 레오나르도가 운하를 위해 선택한 정확한 경로 위에 피렌체에서 바다로 가는 고속도로가 건설되었다.

다빈치는 1년 동안만 체사레 보르자의 고문으로 머물렀는데, 가장 큰 이유는 체사레의 아버지인 교황 알렉산더 6세가 1503년 사망하고 체사레가 투옥된 뒤 몇 년 후 망명생활 중에 사망했기 때문이다.

09

헨리 모즐리와 모즐리의 법칙

– 전쟁이 앗아간 젊은 천재

흔히들 천재는 신의 질투로 요절한다는 말을 한다. 음악의 신동이라 불리던 모차르트는 35세, 가곡의 왕 슈베르트는 31세, 그리고 신인상주의의 선도자 조르주 쇠라(Georges Pierre Seurat)는 32세에 요절했다. 그런데 분야는 다르지만, 영국의 실험 물리학자 헨리 모즐리(Henry Moseley)는 27살의 나이에 요절한 천재 물리학자이다.

27세에 요절한 천재 물리학자 모즐리

그는 모든 원소의 화학적 성질은 질량이 아니라 원자번호에 의해서 결정된다는 것을 증명하고 X-ray가 최고의 분석도구가 될 수 있다는 것을 보여주었다. 그의 발견은 물리학과 화학 분야에서 매우 중요한 의미를 가지는데, 이 모든 것이 불과 40개월의 짧은 연구경력으로 이룬 것이다. 제1차 세계대전에 자원입대한 그는 유명한 갈리폴리 전투에서 1915년, 꽃 같은 젊은 나이에 전사한다.

유명한 과학 저술가 아이작 아시모프는(Isaac Asimov)는 모즐리가 살아 있었다면 노벨 물리상을 수상했을 것이라며 다음과 같이 말했다. "그가 더 오래 살아서 이루었을 업적을 생각한다면, 모즐리의 전사야말로 인류가 전쟁으로 치른 가장 값비싼 단 한 번의 죽음이다."

모즐리의 청소년 시절

헨리 모즐리(Henry Moseley)는 1887년 영국 잉글랜드주 도싯(Dorset)에서 태어났다. 그의 아버지는 옥스퍼드 대학에서 해부학과 생리학을 가르쳤던 생물학자인 헨리 노티지 모즐리(Henry Nottidge Moseley)이다. 부전자전으로 아버지와 아들 모두 총명함이 특징이었다. 어린 시절부터 뛰어났던 헨리는 킹스 스칼라십을 받고 이튼 칼리지(Eton College, 칼리지라는 이름이지만 우리나라로는 중·고등학교 과정에 해당)에 입학하여, 1906년 화학과 물리학상을 받고 졸업했다.

같은 해 모즐리는 아버지의 모교인 옥스퍼드 대학 트리니티 칼리지(Trinity College of the University of Oxford)에 입학한다. 1910년에 옥스퍼드 대학에서 학사학위를 받고 졸업하자마자, 맨체스터 대학으로 가서 러더퍼드경의 지도 아래 물리를 가르쳤다.

영국의 유기화학자인 헤일브론(Heilbron)에 따르면 러더퍼드 밑에서 모즐리의 첫 실험은 '맨체스터에서 공부할 수 있는 유일한 것' 즉 방사능에 관한 것이었다. 1912년 모즐리는 베타 입자를 가지고 실험한 결과, 라듐의 방사능원이 높은 잠재성을 가지고 있다는 것을 보여주는 최초의 원자 배터리를 발명했다. 이러한 종류의 장치는 나중에 필요할 때—예를 들어 심장 페이스메이커— 매우 긴 배터리 수명을 달성하기 위해 사용된다.

심장 페이스메이커
부정맥과 서맥 치료에 사용되는 기기. 전기 자극으로 심장박동의 조율을 한다.

하지만 모즐리는 방사능 분야에 대해 별 흥미를 못 느껴, 새로운 분야의 연구를 찾다가 당시 유행하던 엑스레이(X-ray) 분야에 관심을 가졌다. 모즐리는 수학자이자 이론 물리학자인 찰스 다윈의 손자, 찰스 갈톤 다윈(Charles Galton Darwin)에게 이 연구에 동참해 달라고 부탁한다. 그러나 지도 교수인 러더퍼드는 맨체스터에서 자신은 물론 아무도 이 연구에서 사용되는 기술에 대해 알지 못한다며 반대했지만, 곧 모즐리와 다윈이 이 연구를 시도하도록 허락한다. 이렇게 X-ray에 대한 모즐리의 혁신적인 작업이 시작되었다.

모즐리는 자신의 튜터이면서 경쟁자인 리즈 대학(Leeds University)의 X-ray 전문가 윌리엄 브래그(William Henry Bragg)와 보조를 맞추면서 역할 반전이 가능할 정도로 실험을 개선하여, X-ray 자체보다는 원자 구조가 연구의 주체가 되도록 했다.

모즐리의 많은 경력과 마찬가지로 그의 다음 단계는 적절한 시기에 적절한 장소에 있는 것, 그리고 타고난 능력의 행복한 결합이었다. 다윈은 모즐리와 공저로 논문을 출판한 후 수학적 문제를 연구하기 위해 X-ray 연구를 그만두지만, 모즐리는 이제는 X선 실험의 대가가 되었다. 완벽하게 준비된 이 플랫폼에 닐스 보어가 도착했다.

보어는 1913년 7월 첫째 주 주말에 맨체스터에 있었는데, 모즐리는 원자에서 방출되는 X선의 진동수가 원자마다 다른 것이 원자번호 때문인지 아니면 원자량 때문인지를 놓고 그와 긴 토론을 가졌다. 보어의 원자이론에 따르면 X-ray는 원자번호에 달려 있음을 시사했다. 왜냐하면 X선의 에너지가 최외각 전자에 의존하며, 이 전자의 특성은 원자번호에 의존하고 있기 때문이다.

모즐리는 러더퍼드가 제공하는 펠로우십을 거절하고 다시 옥스퍼드로 돌아가는데, 그곳에서 그는 실험실 시설은 제공받았지만 아무런 재정적 지원도 받지 못했다.

과학적 업적: 모즐리의 법칙과 주기율표

모즐리는 자신의 공학적인 재능을 이용하여 여러 부품들을 써서 X선을 생성할 수 있는 장치를 조립하고 1913년 10월 19일까지 대부분의 실험적 어려움을 극복했다. 그리고 불과 4일 만에 티타늄, 크롬, 망간, 철, 코발트, 니켈, 그리고 추가로 구리와 은의 스펙트럼을 측정하였으며, 그리고 2주 만에 칼슘에서 아연에 이르는 모든 원자들의 스펙트럼을 얻었다.

아래 첫 번째 다이어그램은 바닥의 Cu에서 맨 위의 Ca까지 왼쪽에서 오른쪽으로 원자량이 감소함에 따라 X-선의 파장이 마치 층계를 올라가면서 증가하는 듯한 모양을 하고 있는데 이를 유명한 '모즐리의 계단 또는 사다리(Moseley's staircase or step ladder)' X-선 스펙트라 라고 부른다. 각 스펙트럼에서 둘 중 더 어두운 선이 Kα 그리고 나머지 선은 Kβ 이다. 다음 두 번째, 세 번째 도표는 원자번호

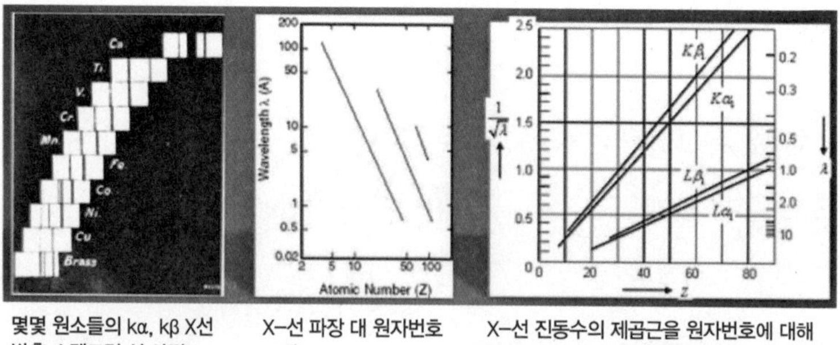

몇몇 원소들의 kα, kβ X선 방출 스펙트럼 선 사진

X-선 파장 대 원자번호 그래프

X-선 진동수의 제곱근을 원자번호에 대해 그래프로 그리자 직선을 이루었다.

모즐리의 법칙

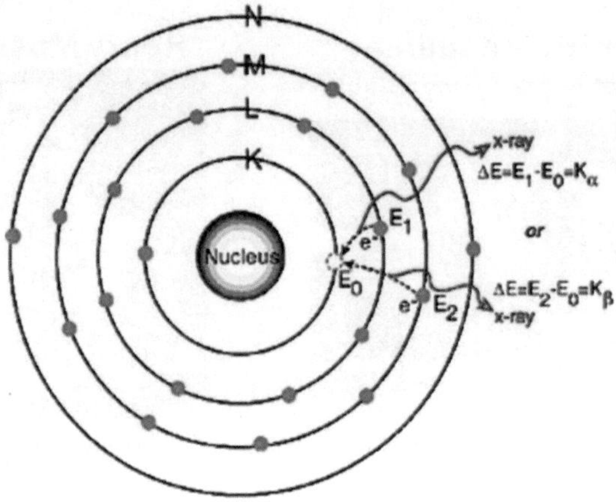

모즐리의 X-ray

가 증가함에 따라 파장이 짧아지거나 또는 진동수가 증가하는 것을 나타내고 있다.

이는 물리학에서 브래그(Bragg)의 회절법을 이용하여 X선 진동수(파장의 역수)를 결정한 X선 분광법(X-ray spectroscopy)의 선구적 사용이었다. 모즐리는 X-선의 진동수의 제곱근이 X-레이 튜브의 타깃으로 사용된 금속의 원자번호에 비례한다는 수학적 관계를 발견하며, 후에 이것은 '모즐리의 법칙'으로 불린다. 이를 통해 원소의 화학적 성격을 결정하는 것이 원자핵의 전하임을 알 수 있었으며, 이 법칙은 원자핵물리의 발전에 큰 영향을 끼쳤다.

이보다 약 50년 전 멘델레예프는 자신의 주기율표에서 원소를 원자량 순서대로 배열하면서 화학적 성질이 비슷한 원소들을 함께 분

모즐리는 멘델레예프의 주기율 배열의 의문에 해답을 제공했다.

류했는데, 그는 같은 족에서 비슷한 화학적 물리적 성질을 유지하기 위해 몇 쌍의 원소들에 대해서는 원자량의 순서를 과감히 바꾸어 놓았다. 예를 들면, 코발트(Co)의 원자량이 니켈(Ni)보다 약간 크며, Te(텔루륨)은 I(요드)의 원자량보다 크지만, 이들의 배열 순서를 바꾸어 놓은 것이다. 이러한 뒤바뀜(즉, Co 다음 Ni, Te 다음 I)은 주기율표의 원소 배열 순서는 원자량에 따른다는 원칙에 의문을 갖게 했다.

그런데 모즐리의 연구가 이에 대한 해답을 제공했다. 즉 모즐리의 다이어그램에서 특징적인 X선의 진동수가 원소들의 원자번호에 따라 증가하는 것은 전자들의 수가 증가하기 때문이다. 그리고 원소의 화학적 특성은 핵 주위의 궤도에 있는 전자의 배열에 의해 결정되며 궤도에 있는 전자의 수는 모든 원소가 전기적으로 중성이기 때문에 핵에 있는 양성자의 수와 같다.

한편 원자의 핵에 있는 양성자의 수는 원자번호이므로 모즐리는 주기율표가 원자량이 아닌 원자번호에 따라 배열되어야 한다는 것을 분명하게 입증한 것이다. 이는 원소들 간의 기본적인 차이가 원자량이 아니라 그들이 가지고 있는 양성자의 수, 즉 원자번호라는 것을 의미하며 이는 화학 특히 주기율표에 엄청난 영향을 미친다.

이제 멘델레예프 주기율표에서 위치가 바뀌었던 Co와 Ni은 모즐리의 주기율표에선 각각 27과 28의 원자번호를 가지며 올바르게 배치되었다. 그뿐 아니라 부수적으로 43, 61, 72, 75의 원자번호들에 공백이 있음을 보여주어, 모즐리는 방대한 보물찾기(!)의 토대를 마련해 주었다. 화학자들은 그가 예견했던 잃어버린 원소를 찾는 데 30년 이상을 소비한다.

Mosley's Periodic Table

Group 0	I a b	II a b	III a b	IV a b	V a b	VI a b	VII a b	VIII
	H 1							
He 2	Li 3	Be 4	B 5	C 6	N 7	O 8	F 9	
Ne 10	Na 11	Mg 12	Al 13	Si 14	P 15	S 16	Cl 17	
Ar 18	K 19 / Cu 29	Ca 20 / Zn 30	Sc 21 / Ga 31	Ti 22 / Ge 32	V 23 / As 33	Cr 24 / Se 34	Mn 25 / Br 35	Fe 26, Co 27, Ni 28
Kr 36	Rb 37 / Ag 47	Sr 38 / Cd 48	Y 39 / In 49	Zr 40 / Sn 50	Nb 41 / Sb 51	Mo 42 / Te 52	– / I 53	Ru 44, Rh 45, Pd 46
Xe 54	Cs 55 / Au 79	Ba 56 / Hg 80	57-71* / Tl 81	Hf 72 / Pb 82	Ta 73 / Bi 83	W 74 / Po 84	Re 75 / –	Os 76, Ir 77, Pt 78
Rn 86	–	Ra 88	Ac 89	Th 90	Pa 91	U 92		

모즐리의 주기율표

이 빈 공간들은 현재 각각 방사성 합성 원소 테크네튬(Technetium, Tc: 원자번호 43)과 프로메튬(Promethium, Pm: 원자번호 61), 그리고 꽤 드물지만 자연적으로 존재하는 마지막 두 안정한 원소 하프늄(Hafnium, Hf: 원자번호 72, 1923년 발견)과 레늄(Rhenium, Re: 원자번호 75, 1925년 발견)으로 알려졌는데, 모즐리의 생전에는 이 네 가지 원소에 대해서는 존재조차도 알지 못했다.

갈리폴리 전투에서 전사

1914년 7월, 제1차 세계대전이 발발했을 때, 모즐리는 옥스퍼드 대학교에서의 연구를 뒤로하고 자원입대한다. 가족과 친구들이 적극 말렸지만, 전쟁에 나가 싸우는 것이 자신의 의무라고 말했다. 나 역시 입대하는 아들에게 한국에서 살려면 병역 의무를 마쳐야 하는 것이 당연한 국민의 도리라고 격려했지만, 솔직히 아들이 모즐리처럼 전쟁 중에 자원입대한다고 하면 뜯어 말렸을 것 같다. 여하튼 입대하여 모즐리는 1915년 4월 터키 갈리폴리 지역을 침공한 영국군 부대에 통신장교로 배속되었다.

영국과 프랑스의 동맹국인 러시아로 가는 해로를 확보하기 위해 터키 군과 싸운 갈리폴리 전투(Gallipoli campaign)는 아무런 성과 없이 연합군 사상자가 무려 30만 2000명에 이르러 영국의 굴욕적인 대참패로 기록되는데, 모즐리와 그의 부하들이 파견된 곳이 바로

천재 물리학자 모즐리는 27세의 나이로 갈리폴리 전투에서 전사했다.

이곳이었다.

작전이 실패했음을 인정하기 싫은 장군들은 전투에 기진맥진한 뉴질랜드 대대를 구출하기 위하여 모즐리 부대에게 전략적으로 유리한 'Chunuk Bair'의 고지를 점령할 것을 명령한다. 1915년 8월 10일 모즐리는 이 전투에서 27살의 나이로 수많은 병사들과 함께 전사했다. 전문가들은 그가 살아 남았더라면 1916년 노벨물리학상이나 화학상을 받았을 것이라고 말한다.

과학의 중대한 손실로 여겨지는 모즐리의 죽음은 그와 같은 천재들이 과연 전쟁터에서 위험을 무릅써야 할 것인가 하는 의문을 불러 일으켰고, 국제 과학계는 앞으로 많은 것을 제공할 수 있는 과학자를 너무 일찍 잃은 것에 대해 격분했다.

모즐리의 지도교수였던 러더퍼드는 영국 정부가 과학자들의 군복무를 막도록 정책을 변경하라고 촉구했고, 그 결과 영국 정부는 전투 임무를 제한하는 새로운 정책을 제정했다.

그때부터 과학자들은 매우 다른 방식으로 전쟁에 이용되었다. 과학자들은 좋든 싫든 제2차 세계대전에서 페니실린, 레이더, 프로그래밍이 가능한 컴퓨터, 합성고무 그리고 원자폭탄을 개발했다. 이 모든 발명품들은 관련된 각각의 개인들이 최전선에서 할 수 있었던 것보다 2차 세계대전에 훨씬 더 큰 영향을 끼쳤다.

마지막으로 자신의 죽음을 예견한 모즐리는 다음과 같은 유언장을 남겼다.

> "이것은 대영제국 지중해 원정군 공병대 소위 헨리 모즐리(Henry Gwyn Jeffreys Moseley)의 마지막 유언장이며 증언이다. 나는 부동산을 비롯한 모든 개인 재산과 이에 부수되는 수익 전부를 병리학, 물리학, 생리학, 화학 또는 기타 과학 분야의 실험 연구에 쓰도록 런던왕립학회에 기증한다. 다만 순수수학, 천문학, 또는 해설, 목록작성, 체계화하는 기타 과학 분야는 제외한다.

– 1915년 6월 27일, 헨리 G. J. 모즐리

10

빅토리아 여왕의 후손들

– 제1차 세계대전의 촉발자

제1차 세계대전 영화를 보고 있던 남편이 “빅토리아 여왕의 손주들끼리 패가 나뉘어 싸우고 있네”라고 한마디 한다. 얽히고설킨 혼맥으로 인한 난공불락의 유럽 군주제가 어떻게 세계 제1차 대전에 영향을 주었으며 몰락하게 되었는지 갑자기 궁금해졌다.

제1차 세계대전은 각국의 이해관계에 따라 대영제국, 프랑스, 러시아제국 등의 주요 연합국(협상국)과 독일제국, 오스트리아-헝가리제국, 불가리아, 오스만제국 등의 동맹국이 각각 양 진영의 중심이 되어, 7000만 명의 군인이 참전하여 그 중 900만 명이 죽고 2500만 명이 부상당한 인류 역사상 상상을 초월하는 대참상을 불러왔다.

빅토리아 여왕은 작센코부르크고타(Saxen-Coburg and Gotha) 왕가의 앨버트공(Prince Albert)과 결혼하여 슬하에 아들 넷, 딸 다

빅토리아 여왕과 앨버트 공

섯의 9남매(장남은 후일 대영제국 에드워드 7세, 장녀는 독일 황제 프리드리히 3세의 부인인 빅토리아 황후)를 두었는데, 빅토리아 시대 때 그렇게 많은 자녀를 두는 것은 그리 놀랄 만한 일은 아니다.

하긴 조선시대 세종대왕은 22명(왕비에게서만도 8남 2녀)의 자녀들을 두었다고 하니 자식농사가 왕실에선 매우 중요한 자산이라고 할 수 있겠다. 다만 영유아 사망률이 매우 높았던 시대에 아홉 자녀 모두 결혼할 나이로 성장한 것은 매우 특별한 경우였다.

빅토리아 여왕은 전 세계 4분의 1을 차지하는 4억 명의 인민들이 속하는 대영제국을 다스렸다. 그래서 철통 같은 요새로 왕권을 강화할 필요가 있었고 그런 의미에서 합스부르크 왕가의 혼맥처럼, 유능한 외교적 수완을 발휘하여 아홉 명의 자녀들을 모두 유럽의 중요한 왕실과 혼맥으로 연결했다. 이들의 결혼으로 42명의 손주(20명의 손자와 22명의 손녀)를 두었으며 손자들 중엔 특히 대영제국 조지 5세, 독일 황제 빌헬름 2세, 손녀들 중 러시아 황제 니콜라이 2세의 부인 알렉산드라 황후 및 노르웨이, 그리스, 루마니아, 스페인의 왕비들이 있다. 만일 빅토리아 여왕이 앨버트공과 결혼을 하지 않았거나, 또는 그렇게 많은 자녀들을 둘 수 없었다면 세계사가 또 어떻게 달라졌을지 궁금하다.

한편 덴마크의 크리스티안 9세(Christian IX)는 1842년 6촌간인 헷세카셀의 루이세(Louise of Hesse-Kassel)와 결혼하여 슬하에 자녀 6명을 두었다. 여섯 자녀들은 유럽 왕실과 매우 성공적인 결혼을 하였는데 크리스티안 9세 때문이라기보다는 매우 야망이 큰 왕비 덕분이라 할 수 있다. 남성들이 흔히들 얌전하고 순종적인 부인보다는 기세고 야심찬 부인들이 남편과 자녀를 출세시킨다는 말을 하더니 그래서인가? 어떤 사람들은 크리스티안 9세의 왕비가 대영제국의 빅토리아 여왕에 버금가는 왕실간 혼맥을 이룬 것으로 평가한다. 크리스티안의 손자들에는 러시아의 니콜라스 2세(Nicholas II), 그리스의 콘스탄틴 1세(Constantine I), 대영제국의 조지 5세(George V), 덴마크의 크리스티안 10세(Christian X), 그리고 노르웨이의 호콘 7세(Haakon VII)가 있다.

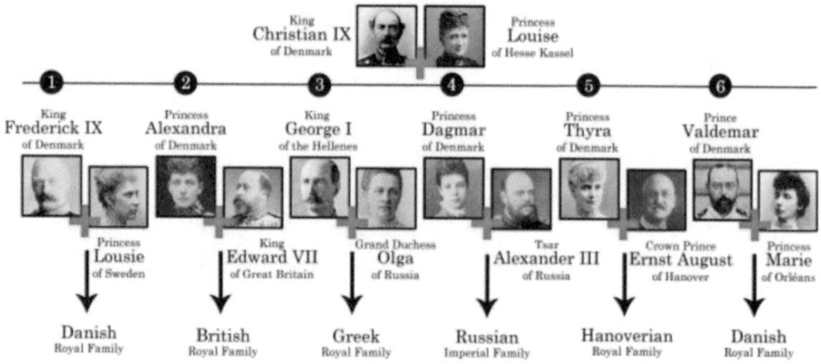

크리스티안 9세의 여섯 자녀들의 유럽 왕실과의 혼맥 관계도

제1차 세계대전이 발발하였을 때 대영제국의 빅토리아 여왕과 덴마크의 크리스티안 9세의 손주들이 덴마크, 그리스, 노르웨이, 독일, 루마니아, 러시아, 스페인과 영국의 왕좌를 차지하고 있었다. 이러한 이유로 해서 빅토리아 여왕은 '유럽의 할머니(Grandmother of Europe)', 크리스티안 9세에겐 '유럽의 장인(Father-in-law of Europe)'이라는 별명이 붙었다.

특히 전 세계에 강한 영향력을 끼치던 대영제국의 빅토리아 여왕 후손들이 제1차 세계대전을 좌지우지 하게 되며 유럽의 미래 모습을 결정하는 데 한몫을 했다고 볼 수 있다. 오늘날 유럽의 남아 있는 일곱 나라 왕실들(벨기에, 덴마크, 노르웨이, 스페인, 스웨덴, 영국, 네덜란드) 중, 네덜란드의 빌럼 알렉산더르(Willem-Alexander) 국왕만이 유일하게 빅토리아 여왕이나 크리스티안 9세의 후손이 아니다.

한 가지 언급하고 지나가야 할 점은 얽히고설킨 근친간의 혼맥으로 합스부르크가의 주걱턱이 유명하듯이, 혈우병 유전인자를 갖고 있는 빅토리아 여왕으로 인하여 이후 남성 후손들 중 10명이 모계로부터 혈우병 유전자를 물려받아 병을 앓았으며 그들 중 한 명이 러시아 황제 니콜라이 2세의 유일한 아들 황태자다. 유약한 니콜라이 황제보다 상당히 의지가 강하고 기가 센 황후 알렉산드라(Empress Alexandra Federovna)는 빅토리아 여왕의 손녀로 혈우병 유전자 보유자이다.

그녀는 당시의 의료진도 못 고치는 황태자의 혈우병 치료를 요승 라스푸틴(Grigory Rasputin)에게 맡기고 그에게 과도한 권력을 주어 결과적으로 로마노프 왕가의 몰락을 재촉했다. 빅토리아 가계도에 대한 많은 연구 결과에 따르면 빅토리아 여왕 이전의 왕족들 중에서는 누구도 혈우병을 앓았던 사람이 없다고 한다. 따라서 학자들은 빅토리아 여왕의 어머니가 혈우병 유전인자를 가진 다른 남자와 바람피워 낳은 혼외자가 바로 빅토리아 여왕이 아닐까 의문을 던지고 있다.

수백 년 전 왕실 가계도를 가지고 유전자 정보가 출생의 비밀을 푸는 열쇠로 사용된 흥미로운 케이스이다. 다음 도표는 빅토리아 여왕의 9명의 자녀 중 4명이 혈우병 유전자 보인자 및 혈우병 환자라는 것과 또 그들의 자녀들이 어떻게 영향을 받았는지를 보여주고 있다.

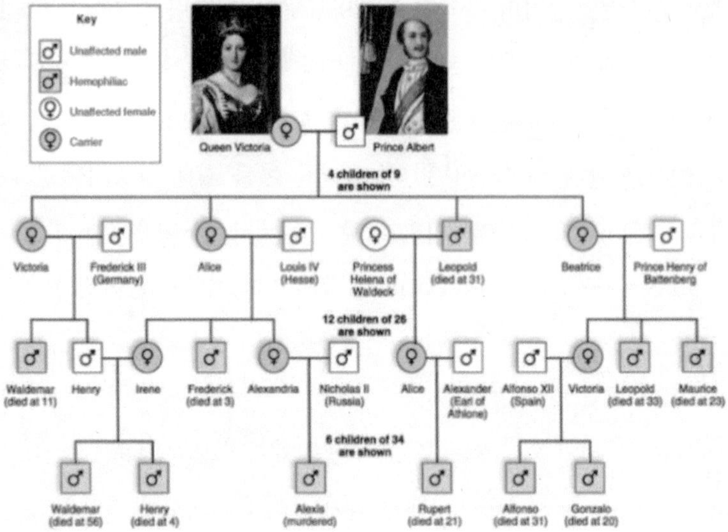

빅토리아 여왕 후손 가계도

알렉산드라 황후뿐만 아니라 독일 프리드리히 3세의 황후, 프린세스 로열 빅토리아(Princess Royal Victoria: Vicky)는 빅토리아 여왕의 장녀로 오늘날까지 토론과 논쟁이 되고 있는 인물이다. 그녀는 제1차 세계대전의 주역이 되는 독일 황제 빌헬름 2세의 모후로, 그녀와 아들간의 냉랭한 최악의 모자관계가 없었다면 역사는 또 어떻게 달라졌을까 하는 것이 관심 주제이다.

빌헬름 2세의 어머니는 17살 되던 해에 1858년 프러시아의 황태자 프리드리히와 결혼을 했다. 그녀가 열정적인 사랑에 빠져서 한 결혼이었지만 또한 독일 왕족인 아버지 앨버트공의 왕조에 대한 꿈을 이루기 위한 혼사이기도 하다. 그런데 빅토리아 공주의 첫 번째 임신은 매우 힘든 골반위분만(骨盤位分娩)으로 거의 재앙으로 끝날 뻔했다. 그 당시 제왕절개는 너무나 위험해서 생각지도 못했기 때문에, 미래의 독일 황제 빌헬름 2세는 1859년 강한 집게에 잡혀서 세상으로 나왔다. 그 결과 왼쪽 팔은 손상 당해 옆으로 힘없이 축 늘어졌다. 며칠 후 빅토리아 공주는 그런 아기를 경악한 눈으로 바라보며 자기 인생의 최대의 실패라고 생각한다.

신체 장애는 강한 군국주의적인 프러시아에서는 수치의 상징이어서 여러 가지 방법으로 낫게 하려고 어린아이는 기괴한 치료를 받아야 했다. 여위고 힘없는 왼쪽 팔을 강제로 쓰도록 만들기 위하여 오른쪽 팔을 끈으로 몸에 묶었으며, 목 근육의 불균형으로 머리가 비틀리자 이를 제한하기 위한 또 다른 장치에 묶었다. 그 결과 빌헬름은 성장하면서 자신감을 잃었으며, 특히 마르고 힘을 못 쓰는 왼쪽 팔에 대한 영국인 어머니의 강박증이 열등감과 어머니에 대한 적개심을 강화시켰다.

한편 매우 자존심 강한 그의 어머니는 "다른 모든 어린이들은 팔다리를 다 사용할 수 있는데, 내 아이만 그렇지 못하다는 것이 내 가슴을 찢어요"라고 빅토리아 여왕한테 괴로움에 찬 편지를 쓴다. 지금으로 보면 너무 어린 나이에 어머니가 되어서인가, 그녀는 아들의 장애에 대해 서투르게 대응하여 빌헬름은 어머니가 자신을 사랑하지 않는다고 생각했다.

반면 빌헬름의 사촌들, 미래의 러시아 니콜라이 2세 황제와 대영 제국 왕 조지 5세는 어머니로부터 사랑을 듬뿍 받고 자랐다. 두 사촌들의 어머니는 덴마크 왕실의 자매인 다그마(Dagmar)와 알렉산드라(Alexandra) 공주로 유럽의 가장 강력한 두 나라의 왕실과 결혼을 한 것이다. 따라서 니콜라이와 조지는 어린 시절부터 외할아버지인 덴마크 크리스티안 9세의 별장에서 여름휴가를 같이 보내며 자라 매우 친한 친구가 되었다.

한편 프러시아의 비스마르크는 1862년 수상이 되며 덴마크의 슐레스비히홀슈타인(Schleswig-Holstein)주를 합병하고 독일의 자그마한 공국들과 오스트리아, 프랑스와 전쟁을 하여 1871년 독일을 통일한다. 통일된 독일은 유럽의 중심부라는 전략적 요충지에 자리하고 있고 가장 활기찬 경제와 인구 수를 가지고 있어 단순히 힘의 균형이란 측면에서도 유럽에 매우 위협적인 존재가 된다.

독일제국의 2대 황제이며 프로이센의 왕인 프리드리히 3세는 부인 빅토리아 공주의 영향으로 영국처럼 국민들의 의견을 정부가 대변하기를 원하는 진보적이며 인도주의적 인물이지만 즉위 99일 만에 56세를 일기로 급사했다. 1888년 아버지 뒤를 이어 황제가 된 빌헬름 2세는 그의 부모가 추구하던 자유민주적 영국식 군주제엔 매우 적대적이었으며 군국주의적 프러시아 체제를 선호했다. 많은 역사가들 사이에서는 만일 프리드리히가 더 오래 살았더라면 독일이 영국처럼 진취적으로 변모하여 제1차 세계대전을 피할 수 있었을지에 대한 의견들이 분분하다.

어쨌든 빌헬름은 자신의 어머니에 대한 적대적 행위뿐만 아니라 괴팍하고 호전적인 성품 때문에 영국과 러시아 쪽 친척들과 사이가 상당히 좋지 않았다. 빅토리아 여왕의 손자들이며 서로 사촌들끼리인 니콜라이 2세, 조지 5세와 빌헬름 2세의 관계는 그들의 국가에도 그대로 반영되어 유럽이 전쟁에 가까워 오자, 조지와 니콜라이가 같은 편에 그리고 빌헬름은 그 반대편에 서게 된다.

1910년 5월, 조지 5세의 아버지인 에드워드 7세가 타계하고 관을 실은 장례차가 천천히 런던 거리를 지나갈 때 50명이 넘는 황제, 왕, 황태자, 대공, 왕자들의 위풍당당한 기마 행렬이 그 뒤를 따르고, 미국이나 프랑스처럼 강대국일지라도 공화국의 조문 사절들은 행렬의 맨 끝에서 걸었다. 그야말로 군주의 최상의 영광을 나타내는 순간이었다.

1789년 프랑스 혁명이 일어난 후에도, 왕좌 수는 감소하는 대신 오히려 늘어나 19세기 후반~20세기 초까지는 6개의 새로운 왕가가 생겨났다. 에드워드 7세 서거 당시 유럽에는 어느 때보다도 많은 군주들이 있었다. 이 군주들이 대영제국처럼 실권이 없는 입헌군주이건 또는 러시아처럼 전제군주이건 간에 이들의 권위와 위상은 여전히 거의 온전한 상태로 남아 있었다. 에드워드 7세의 장례식에 참석하거나 구경한 어느 누구도 그때가 왕권의 웅장함의 광휘가 위풍당

에드워드 7세의 장례식에 참석한 9명의 유럽의 군주들

당한 절정기가 아니라 해질녘의 노을을 나타낸다고 상상한 사람은 아무도 없었다.

1914년 7월 18일 오스트리아-헝가리 제국의 황태자 페르디난트 대공(Archduke Franz Ferdinand) 부부가 보스니아(Bosnia)의 사라예보(Sarajevo)에서 세르비아의 독립주의자에 의해 시해당했다. 유럽의 군주들은 발칸 반도가 수년 동안 부글거리고 있었지만 이 사건을 대수롭지 않게 생각하였고 더구나 세계대전으로 가는 화약고에 불을 댕긴 엄청난 일이 벌어졌다고 생각한 사람은 아무도 없었다. 처음에는 오스트리아-헝가리 제국의 황제 프란츠 요제프(Franz Josef) 1세가 세르비아에 사과를 요구하고 세르비아는 이를 받아들일 것이

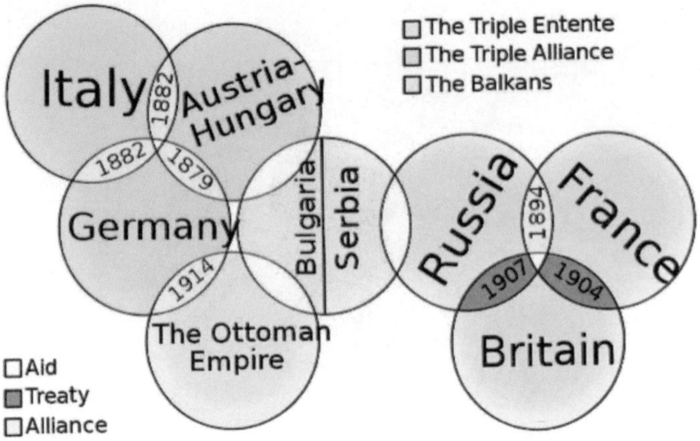

1914년 유럽 국가 간의 군사적 동맹관계

라고 기대를 하고 있었으나 독일의 빌헬름은 보복 차원에서 세르비아를 부숴버리라고 오스트리아를 부추겼다. 오스트리아는 7월 23일, 세르비아가 도저히 받아들일 수 없는 조건을 붙여 최후통첩을 보낸다.

그러나 이미 유럽의 주요 국가들은 동맹으로 서로 묶여 있어서 세르비아는 러시아와, 러시아는 프랑스와, 프랑스는 대영제국과, 대영제국은 벨기에와 동맹관계에 있었고, 독일은 오스트리아-헝가리 제국과 동맹관계에 있었다.

세르비아가 일부 조건을 거부하자, 오스트리아-헝가리 제국은 즉각 국교를 단절하고 이어 28일에는 선전포고를 했다. 다음 카툰은 복잡하게 얽혀 있는 동맹관계가 어떤 결과를 가져오는지 코믹하게

복잡한 동맹관계를 풍자한 카툰

풍자하고 있다.

그제야 유럽의 왕족들은 그들을 위협하고 있는 위험을 깨닫게 된다. 서로 간에 얽혀 있는 동맹이 멈출 수 없게 작동하기 시작하자 필연적인 전쟁을 방지하기 위하여 유럽의 군주들 사이에서는 전보들이 눈보라처럼 맹렬히 날아 다녔다.

특히 빌헬름 2세는 그의 사촌들 조지 5세와 니콜라이 2세랑 부지런히 접촉을 하였지만 이제 그들이 할 수 있는 일은 아무것도 없었다. 그들의 입헌적 권력은 사촌이라는 인척관계만큼 별 힘이 없었는데, 비록 기술적으로는 닥쳐올 전쟁을 축소시킬 수 있었을지 몰라도 그들은 이제 더 강력한 권력들—장군들, 정치인들, 무기 제조업체들 그리고 가차 없는 동원령의 시간표—의 자비를 기다릴 수밖에 없었다. 최후통첩은 또 다른 최후통첩으로 이어졌으며, 국가적 자존심과 제국 팽창주의, 군의 명예 앞에서 유럽의 제왕들의 항변은 마치 거대한 파도에 밀려 물위에서 위아래로 까딱거리고 있는 코르크 마개 같았다.

결과적으로 제1차 세계대전은 역사상 가장 많은 군주들의 퇴위를 불러오게 된다. 러시아는 전쟁에서 패하였을 뿐 아니라 정부의 무능함과 최악의 경제상황 등으로 아예 군주제를 폐지하려는 1차 혁명이 일어난다. 다급해진 러시아의 니콜라이 황제는 외모도 비슷하고 매우 친했던 사촌인 영국의 조지 5세에게 영국으로의 망명을 요청했지만, 망명처를 제공하자는 영국 정부의 제의에도 불구하고 자신의 왕권의 이익이 최우선인 조지 5세는 냉정하게 거부한다.

그가 러시아의 니콜라이 황제 가족과 아무리 가까운 친척관계라 해도 영국 국민들에게 니콜라이는 피 묻은 독재자일 뿐이고 황후 알렉산드라는 친 독일편이라고 비난을 받고 있었기 때문에 입헌군주가 독재자를 도울 때가 아니라는 것을 잘 알고 있었기 때문이다. 같은 해 10월, 러시아에서는 2차 혁명이 일어나며 황제와 가족들은 처형당하고 마르크스-레닌 정부가 들어선다.

전쟁에 진 독일의 빌헬름 2세도 강제로 퇴위를 당하고 네덜란드로 망명했다. 결국 전쟁에 패한 독일, 오스트리아-헝가리제국 그리고 오스만 제국은 종전 후 군주제를 폐지했으며 이를 대신하여 이태리,

독일, 러시아 등에서 독재 정부가 출현한다. 제1차 세계대전의 주역들이었던 빅토리아 여왕의 세 명의 후손들 가운데 전쟁에 이긴 조지 5세의 현명한 처신 덕분인가 아직도 영국은 입헌군주제를 지키고 있다.

제3장

핵과 전쟁

11

원자핵 구조에서 핵분열까지

– 엄청난 비밀의 열쇠를 풀다

1896년 앙리 베크렐(Henri Becquerel, 1852~1908)이 우라늄 염에서 방사선이 방출된다는 것을 우연하게 처음 발견한 이후 20세기에 접어들면 30년간 물리학에서는 원자 구조와 방사능의 비밀이 하나 둘씩 발견되어 급진적인 변화가 일어난다.

1938년 독일의 오토 한과 프리츠 슈트라스만이 우라늄 핵을 중성자로 때리자 두 개의 가벼운 방사성 동위원소 바륨(Ba)과 크립톤(Kr)이 만들어지면서 엄청난 에너지가 방출되는 것을 발견했다. 이 가공할 양의 에너지 방출은 핵분열 과정에서 손실된 무게가 에너지의 형태로 바뀐 때문이라고 리제 마이트너가 설명하면서 인류 역사에 핵기술의 응용이라는 새로운 지평을 열었다.

핵기술은 핵발전소와 같이 전기를 생산하는데 주로 사용하지만

앙리 베크렐

그밖에도 핵의학, 농업 생산의 증가, 자동화 및 품질제어 같은 산업적 용도, 식품공업에서 식품 보존의 용도, 온실효과나 산성비 문제 해결에 대한 환경적 용도 등등 21세기 국가 성장 동력의 중요한 기술로 자리매김하고 있다. 그런데 핵기술은 야누스의 얼굴을 하고 있어 핵무기처럼 군사적 용도로 우리가 잘못 사용하면 인류의 파멸을 가져올 수 있는 극도의 위험성을 내포하고 있다.

제2차 세계대전 당시 연합군과 독일 나치군 사이에 있었던 치열한 원자탄 개발경쟁의 이론적 배경인 원자핵 구조의 여명기부터 핵분열의 비밀을 풀기까지의 핵물리학 발달 과정을 살펴볼까 한다.

물리학적 배경: 원자구조와 방사능의 비밀을 풀다

1896년, 프랑스의 물리학자 베크렐이 처음 우라늄의 방사능을 발견하고 20세기가 시작되면서 처음 30년간 물리학에선 원자구조와 방사능의 비밀이 하나 둘씩 발견되어 급격한 변화가 일어난다. 그 전 19세기 말까지 많은 과학자들이 원자모형을 발표했는데, 1807년 돌턴은 '원자'는 더 이상 쪼갤 수 없는 입자라고 정의하고 구형의 단순한 원자모형을 제시했다. 그러나 후에 원자를 구성하는 입자들이 발견되면서 돌턴의 모형이 수정되어 1897년 영국의 물리학자 톰슨(J. J Thomson, 1906년 노벨물리학상 수상)은 음극관 실험을 통해 원자를 이루는 입자의 하나인 전자의 존재를 발견했다.

원자모형(Atomic model)
원자는 직접 볼 수 없으므로 모형을 통하여 이해한다. 근대적인 원자모형으로 톰슨 원자모형, 러더퍼드 원자모형, 보어 원자모형이 있으며, 현재는 양자역학을 반영한 전자구름 모형을 통해 원자를 이해한다.

1903년 어니스트 러더퍼드(Ernest Rutherford, 1908년 노벨화학상 수상)는 소디(Frederick Soddy)와 함께 토륨화합물의 방사능에 관해 연구하여 방사성 붕괴설을 수립함으로써 종전까지 생각해 왔던 원자의 불변성을 부정했다.

그들은 방사성 원자로부터 나오는 알파 입자의 운동에너지를 연구하면서 원자가 막대한 에너지를 저장하고 있다고 결론을 내렸다. 1904년에 소디는 영국왕립공학학술원에서 이 에너지가 궁극적으로 원자핵 분열에 근거한 엄청난 파괴력을 지닌 핵무기의 토대가 될 것이라고 추측했다.

1904년 톰슨은 그때까지 기본적인 입자로 생각했던 원자 속에서

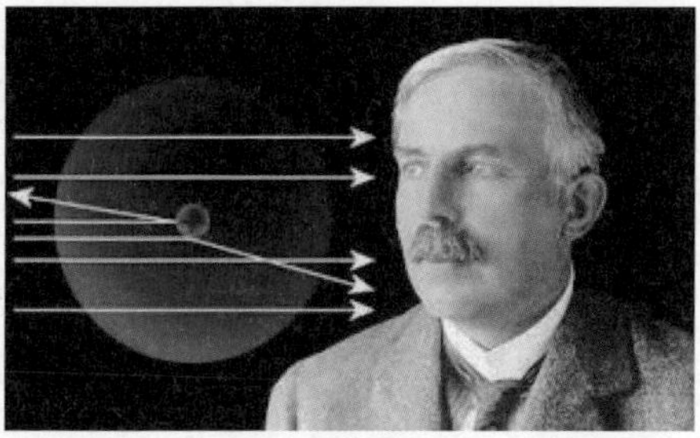

어니스트 러더퍼드

아주 가볍고 음의 전하를 가진 전자가 방출되는 실험 결과로부터, 원자모형은 양전하가 널리 퍼져 있는 속에 전자가 마치 건포도처럼 듬성듬성 박혀 있는 건포도 푸딩케이크(plum pudding cake) 같다고 발표한다.

한편 톰슨의 제자였던 러더퍼드는 1906년 라듐에서 나오는 알파입자를 얇은 금박지(gold leaf)에 충돌시킨 후 알파입자의 진행 경로를 관찰했다. 러더퍼드는 전하가 +2가이고 질량이 전자에 비하여 7500배 정도 무거운 알파입자를 충돌시켰을 때 이 알파입자의 일부분은 아주 심하게 산란하는 것을 발견한다(다음 그림 참조). 이후 러더퍼드에게는 '핵물리학의 아버지'라는 영광스런 이름이 붙여졌다.

톰슨의 원자모형에 따르면 모든 알파입자는 1°가 안 되는 아주 작은 각도로만 산란되어야 하는데, 이렇게 심한 산란 현상은 금속박 원자의 원자핵 때문이라고 생각했다. 따라서 러더퍼드는 원자의 대부분은 빈 공간으로 이루어져 있으며, 원자의 중심부에는 원자의 모

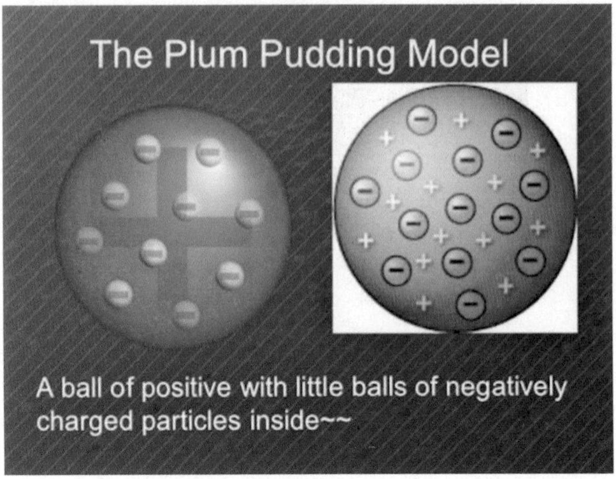

영국의 물리학자 톰슨이 발견한 원자모형. 양전하가 널리 퍼져 있는 속에 전자가 마치 건포도처럼 듬성듬성 박혀 있는 건포도 푸딩케이크 같다고 발표했다.

든 양전하와 질량의 대부분이 집중되어 있는 원자핵이 있고 그 둘레를 전자가 돌고 있다는 행성 모형을 제안했다. 이 모형에 따르면 우리가 고층건물을 이루고 있는 원자들 속의 빈 공간을 제거할 경우 고층건물은 수만 톤의 무게가 나가는 쌀 한 톨 정도의 크기로 줄어들 것이다.

그러나 러더퍼드의 원자모형으로는 수소 원자에서 나오는 발머 계열과 같은 선스펙트럼을 설명할 수가 없었다. 그 후 1913년 러더퍼드의 제자인 닐스 보어(Niels Bohr, 1885~1962)가 러더퍼드의 원자모형의 문제점을 해결하고 기체 원자의 선스펙트럼을 설명하기 위하여 에너지의 불연속성을 발견한 플랑크의 양자 가설을 받아들여 전자 궤도 모형을 만들었다.

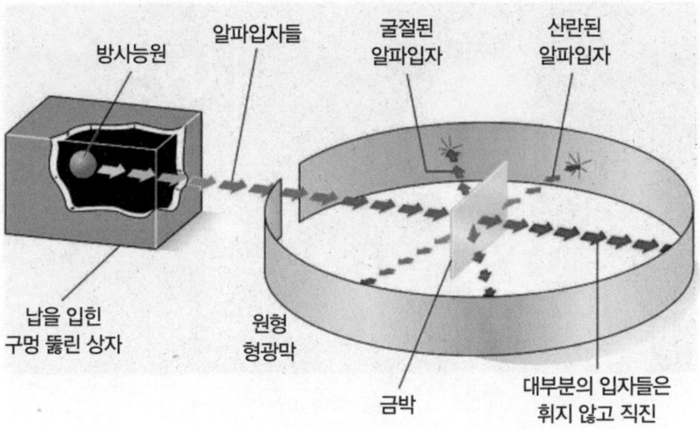

알파선 산란 실험

즉 전자는 러더퍼드의 원자모형과 같이 원자핵 주위를 원운동하고 있으며 이때 전자는 양자 조건을 만족하는 선택된 궤도에서만 공전할 수 있다. 한편 전자가 한 정상 상태의 궤도에서 다른 정상 상태의 궤도로 옮길 때에만 두 궤도의 에너지 차에 해당하는 빛에너지를 방출하거나 흡수한다. 보어 원자모형이 바로 현대 양자이론의 기초가 된다.

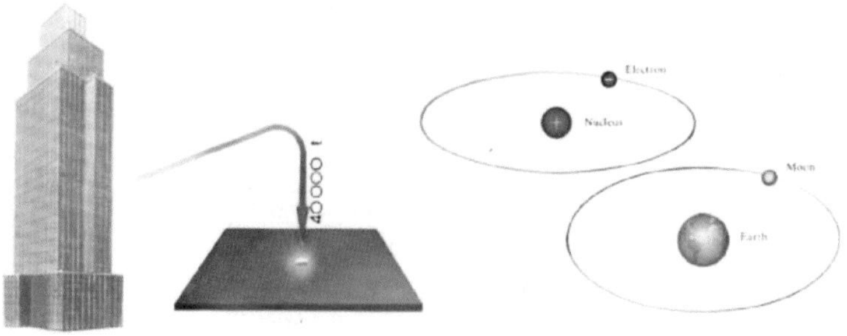

러더퍼드의 원자모형에 의하면 원자의 대부분은 빈 공간으로 이루어져 있어, 고층건물을 이루고 있는 원자들 속의 빈 공간을 제거할 경우 고층건물은 수만 톤의 무게가 나가는 쌀 한 톨 정도의 크기로 줄어든다는 것이다.

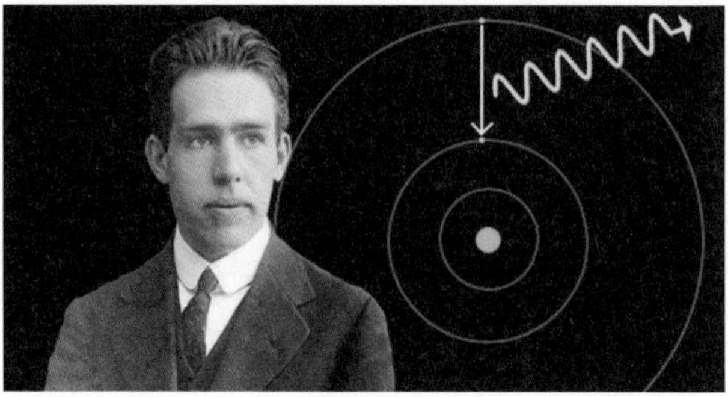

닐스 보어

1919년 애쉬턴(Francis Ashton, 1922년 노벨화학상 수상)은 질량분석기를 발명한다.

그는 질량분석기를 사용하여 네온을 비롯한 여러 원소의 동위원소 분리와 그 원자량의 정밀 측정에 성공했으며 동위원소의 원자핵 질량이 양성자 질량의 정수배(整數倍)가 된다는 것을 발견하고 질량수라는 명칭을 붙였다.

애쉬턴

핵분열에 대한 꿈

1905년 아인슈타인(1921년 노벨물리학상 수상)은 스위스의 특허심사관으로 근무하면서 독일의 물리학 연보에 일련의 중요한 논문을 연달아 발표했다.

그 논문들은 (1)광전효과를 설명하기 위한 양자이론 (2)질량과 에너지의 등가성 (3)특수상대성 이론 (4)정지 액체 속에 떠 있는 작은 입자들의 브라운 운동에 관한 것이다.

아인슈타인의 상대성 이론에 따르면, 만일 계의 무게가 m만큼 줄어든다면 E만큼의 에너지가 생기는데, 물론 그 반대의 가정도 성립되며 이때 생긴 에너지는 다음의 공식으로 주어진다.

아인슈타인

E=mc^2 , c는 빛의 속도로 3 x10^8 m/s

Ex.) 물질 1 g 이 완전히 소멸된다면 이때 얻어진 에너지는

E= 1x10^-3 kg x (3 x10^8 m/s)^2 =9x10^13 joule

이는 1초 동안 100와트짜리 전등 9000억 개를 동시에 켤 수 있는 에너지에 해당한다.

한편 1920년 에딩톤(Arthur Eddington)은 아인슈타인의 질량과 에너지의 등가설 및 애쉬턴의 수소와 헬륨 핵의 질량 측정의 결과로부터, 만일 수소 핵들을 융합시켜 핼륨핵을 만든다면, 엄청난 양의 에너지가 방출될 것이며 바로 이 과정이 별들의 주요 에너지 원천이라고 발표했다.

따라서 1920년경에는 과학자들은 무거운 핵들의 분열이나 가벼운 핵들의 융합을 토대로 하는 무기들의 출현 가능성을 인지하고 있었다. 한편 1932년에는 우레이(Harold Urey)가 처음으로 액체수

제임스 채드윅

소를 반복적으로 증류하여 중수소를 분리시키고 수소의 동위원소인 중수소(重水素)를 발견하여 이 업적으로 1934년 노벨화학상을 수상한다.

같은 해 캠브리지(Cambridge) 대학의 카벤디쉬(Cavendish) 연구소에서 러더퍼드의 동료인 채드윅(James Chadwick)은 전하를 띠지 않은 세 번째 입자 중성자(neutron)의 존재를 증명했다.

방사성 동위원소 폴로늄(Po)에서 나오는 알파입자를 베릴륨(Be)에 충돌시키니 베릴륨 핵은 탄소 핵으로 변환되고 하나의 입자가 방출되었다(아래 그림 참조).

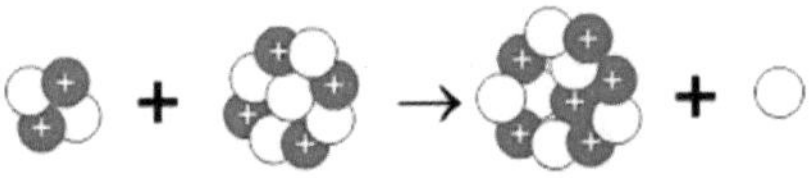

$^{4}He + ^{9}Be \rightarrow ^{12}C$ + neutron

그 미지의 입자(혹은 파동)를 파라핀에 통과시키자 왁스 안에 있는 수소 핵을 때려서 양성자를 튀어나오게 만들었다. 이것이 만일 감마선이라면 5.7 Mev의 양성자를 튀어나오게 하기 위해선 약 55 Mev의 에너지가 필요하다. 따라서 채드윅은 미지의 입자는 거의 양성자와 질량이 같고 전기적으로 중성인 입자라고 예상하였으며 이 입자가 바로 중성자이다.

채드윅의 중성자 발견은 원자구조를 해석하는 데 기념비적인 중요성을 가지며 이 업적으로 그는 1935년 노벨물리학상을 수상했다. 중성자의 발견은 오늘날 원자핵·소립자 물리학의 기초가 되었으며 중성자 회절(回折)실험 등 물성(物性)을 연구할 때 중요한 수단의 개발을 가능하게 했다. 또한 중성자는 원자핵분열 연쇄반응 현상의 촉발체로서 원자폭탄과 원자로 실현의 기반이 된다.

1930년대 초에는 원자는 동수의 양성자와 중성자를 갖고 있는 양전하를 띤 핵과 그 주위를 양성자와 동일한 수의 음으로 하전된 전자가 돌고 있다고 생각했다. 그러나 1932년 채드윅의 실험으로 과학자들은 동일한 화학적 성질을 나타내는 똑같은 원소의 원자들 사이에 무게의 차이가 있으며 이 원소들이 동위원소라는 것을 발견했다.

동위원소
핵(nucleus)을 이루는 중성자(neutron)의 수는 다르지만 양성자(proton)의 수는 같아서 원자번호가 같고 화학적 성질도 같은 원소를 부르는 말이다. 주기율표에서 같은(동) 위치에 있는 원소라는 뜻이다.

즉, 어떤 원소의 화학적 성질은 그 원소를 구성하고 있는 원자의 원자핵 속에 있는 양성자의 수인 원자번호에 의해서 결정된다. 한편 원자의 질량은 양성자와 중성자 수의 합 즉 질량수에 거의 비례하며, 따라서 같은 수의 양성자를 가지면서 중성자의 수만이 다른 원자핵으로 이루어진 원소들을 동위원소라 한다.

예를 들면 우라늄은 핵 속에 92개의 양성자와 핵 주위를 돌고 있는 92개의 전자를 가지고 있으며 234, 235, 238의 질량수를 갖는

콕크로프트(왼쪽)와 월턴

3종의 동위원소 혼합물로 자연에서 발견된다. 그 중 우라늄-238은 핵 속에 146개의 중성자를 가지고 있고, 자연에서 나오는 우라늄의 99%를 차지한다. 반면 우라늄-235는 143개의 중성자를 가지고 있고 우라늄의 0.7%를, 142개의 중성자를 가지고 있는 우라늄-234는 아주 극소량 자연에서 발견된다.

1932년에는 핵물리에 주목할 만한 사건이 일어난다. 월턴(E. T. S. Walton)이 캠브리지 대학의 카벤디쉬 연구소에서 콕크로프트(J.D. Cockroft, 1951년 노벨물리학상 공동수상)와 함께 공동으로 고전압 가속기(700킬로볼트)를 제작했다.

이 가속기로 가속한 양성자를 리튬에 충돌시켜 리튬 핵을 두개의 헬륨원자핵으로 인공 변환시키는 데 성공한다.

어니스트 로렌스와 사이클로트론

같은 해 어니스트 로렌스(Ernest O. Lawrence, 1939년 노벨물리학상), 스탠리(Stanley)와 화이트(Milton White)는 원자 파괴장치(atom smasher)인 입자가속기 사이클로트론(Cyclotron)을 만들었다.

터무니없는 말

로렌스의 사이클로트론, 콕크로포드-월턴(Walton)의 고전압 가속기, 그리고 반 데 그라프(Van de Graaff)의 정전 발전기(electrostatic generator)는 여러 가지 원소들의 원자를 붕괴시키기 위하여 고안된 입자 가속기들이다. 1930년 초에 가속기들은 양성자 빔과 알파 입자들을 에너지 소스로 사용했기 때문에 원자를 쪼개기 위하여 엄청나게 많은 에너지가 요구되었다.

양성자나 알파 입자들은 양으로 하전되어 있어 이들이 원자 속으로 침투하려고 할 때 표적물인 양으로 하전된 핵으로부터 상당한 저항을 겪게 된다. 아무리 빠르게 가속된 양성자나 알파 입자로 포격해도 단지 대략 100만 번에 한번 꼴로 핵을 직접 맞출 수 있었으며 대부분은 표적물인 핵을 그냥 지나쳐 버릴 뿐이다.

당연히 러더퍼드나, 아인슈타인 그리고 보어도 입자로 충격을 가하는 것은 핵물리의 발전을 가져오는 데 매우 유용하지만 그러나 가까운 장래에 실제적인 용도로 원자력을 이용하려는 대중의 기대에는 부응하지 못한다고 믿고 있었다.

1933년 러더퍼드는 인터뷰에서 그런 기대는 "터무니없는 말(moonshine)"이라고까지 했고, 아인슈타인은 한밤중에 몇 안 되는 새를 맞추는 것을 기대하는 것과 같다고 했다. 보어도 원자에너지를 이용할 수 있는 기회는 매우 멀다고 말했는데, 머지 않아 이 세 사람 모두 틀렸다는 것이 입증되었다.

양성자에서 중성자로: 엔리코 페르미

1934년 초 이태리 물리학자 페르미(Enrico Fermi, 1938년 노벨물리학상)는 채드윅이 발견한 전하를 띠지 않은 입자인 중성자가 저항 없이 핵 속으로 들어갈 수 있다는 가설을 세우고 양성자 대신 중성자를 가지고 원소를 때리기 시작한다.

당시의 다른 과학자들처럼 페르미는 입자로 충돌시키는 동안 일부 물질이 사라져 아인슈타인 공식인 물질과 질량의 등가식 E=mc^2에 의해 엄청난 양의 에너지가 방출될 수 있다는 사실에는 별로 주의를 기울이지 않았다.

페르미와 그의 동료들은 가속된 중성자로 63개의 안정한 원소를 때려서 37개의 새로운 방사성 원소를 만들어냈으며 또한 때리는 중성자의 속도를 느리게 하는 감속재로서 탄소와 중수가 유용하다는

엔리코 페르미

사실도 발견했다. 느리게 움직이는 중성자는 핵 근처에 좀 더 오랫동안 남아 있으며 그 결과 포획될 가능성이 높아져 좋은 결과를 낸다는 것을 규명했는데, 이는 마치 골프 그린에서 퍼터로 공을 홀컵에 집어넣을 때 빠른 속도로 치면 그냥 공이 컵을 지나치기 쉬운 것과 같은 이치이다.

페르미가 느린중성자로 때린 원소 중의 하나가 가장 무거운 원소로 알려진 우라늄이었다. 과학자들은 페르미가 이 실험에서 무엇을 만들어냈는지에 대해 서로 의견이 달랐다. 얻어진 물질이 초우라늄이라는 과학자가 있는가 하면, 또 다른 사람들은 이 물질들의 화학적 성질이 가벼운 원소의 것과 비슷하다는 것을 지적했고 페르미 자신은 초우라늄인지 아닌지 확신하지 못했다. 그 다음 수년 간은 이들 물질의 정체를 알아내려는 시도가 국제적으로 과학자들의 연구주제를 주도하였는데 그에 대한 해답은 1938년 크리스마스 바로 전에 나치 독일에서 나왔다.

핵분열의 발견: 한(Hahn), 마이트너(Meitner)와 슈트라스만(Strassman)

1938년, 중성자를 이용한 페르미의 연구에 대해 들은 여성 물리학자 리제 마이트너(Lise Meitner, 1878~1968)는 동료인 오토 한(Otto Hahn)과 프리츠 슈트라스만(Fritz Strassman)에게 중성자를

오토 한(왼쪽)과 리제 마이트너

우라늄 원자핵에 충돌시키는 실험을 해보자고 제안한다. 페르미와 마찬가지로 그들도 무거운 초우라늄 원소가 만들어질 것을 기대했다.

유태인이었던 마이트너는 이미 1938년에 나치의 박해를 피해 스웨덴으로 피신해 있었다. 1939년 1월 6일, 베를린 실험실에서 방사능 화학자인 오토 한과 프리츠 슈트라스만이 중성자를 가지고 원소들을 때리면서 예기치 못한 발견을 한다. 중성자 충격 시험을 하는 동안 원소들 대부분의 핵이 약간씩 변했지만 우라늄 핵은 엄청난 변화를 가져왔다. 즉 핵은 대략 거의 둘로 나누어져 새로운 초우라늄 원소가 아니라, 두 개의 가벼운 방사성 동위원소 바륨(Barium: 원자번호 56)과 크립톤(Krypton)이 다음과 같은 식을 따라 만들어졌다.

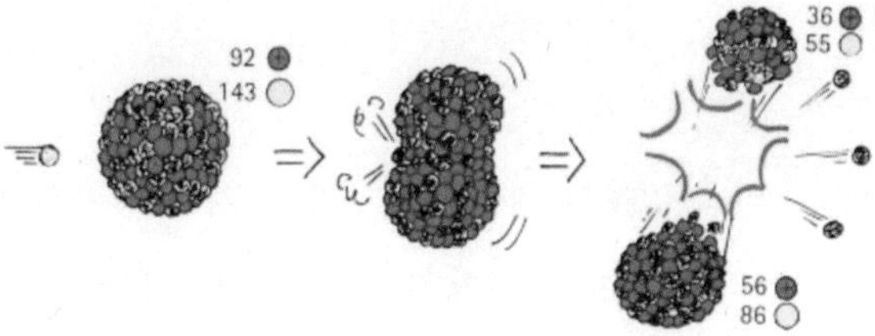

$${}^{1}_{0}n + {}^{235}_{92}U \rightarrow {}^{91}_{36}Kr + {}^{142}_{56}Ba + 3({}^{1}_{0}n)$$

우라늄 분열 과정

이러한 원소 전환보다 더욱 더 놀랄 만한 일은 극적인 변화가 일어나는 동안 오실로스코프(oscilloscope)에 무려 2억 전자볼트(electron volt)에 해당하는 엄청난 에너지가 방출되었다. 한과 슈트라스만은 자신들이 관찰한 이러한 현상에 대해 합리적인 설명을 할 수 없어 어쩔 줄 몰라했다. 오토 한(Otto Hahn)은 화학자라 그의 관심은 주로 화학 변화에 쏠렸고 에너지 문제는 별 관심을 두지 않았다. 그러나 리제 마이트너는 수리물리학자이기 때문에, 우라늄 핵을 이루는 아원자(亞原子, subatomic) 세계에서 무엇인가 엄청나게 중요한 새로운 일이 일어난 것을 깨닫는다.

오실로스코프(oscilloscope)
시간에 따른 입력전압의 변화를 화면에 출력하는 장치.

아원자 입자 (亞原子, subatomic particle)
중성자, 양성자, 전자처럼 원자보다 작은 입자.

오토 한과 슈트라스만은 우라늄을 분열시켜 바륨을 만들어냈다는 논문을 발표하고, 몇 주 후 리제 마이트너와 그녀의 조카 오토 프리쉬는 〈중성자를 이용한 우라늄의 분열; 새로운 형태의 핵반응〉이라는 논문을 영국의 과학 잡지 〈네이처〉에 실었는데, 이 논문에서 핵분열이라는 말을 처음 사용했다.

한-슈트라스만 실험에서 생성된 물질들은 가벼운 원소들일 뿐 아니라 원래의 우라늄 핵보다 무게가 적게 나갔는데 바로 여기에 리제 마이트너 논문의 중요성이 있다. 그녀는 핵분열 과정에서 손실된 무게는 아인슈타인의 질량-에너지 등가 공식으로부터 에너지의 형태로 바뀌고 이것은 다시 열로 바뀌었다고 설명했다. 이러한 마이트너의 설명은 역사의 방향을 바꾸는 매우 중요한 의미를 내포하고 있다. 이러한 업적 때문에 마이트너는 '원자탄의 어머니'라는 별명을 얻었지만 실제로는 원자탄을 반대했고, 미국의 맨해튼 프로젝트의 참여 초청도 거부했다.

한(Hahn)은 우라늄 핵분열을 연구한 공로로 1944년 노벨화학상을 받지만 그의 오랜 동료이고 이론적인 중요한 배경을 제공하여 핵분열 연구의 창시자라 할 수 있는 리제 마이트너는 뛰어난 연구 업적에도 불구하고 노벨상을 수상하지 못한다. 남성들이 주도하는 과학계에서 여성이라는 이유로 노벨상을 받지 못한 네 명의 유명한 여성들 중, 아마도 리제 마이트너가 첫 번째로 손꼽히는 여성 물리학자가 아닐까 생각된다.

U-235 연쇄반응

한과 슈트라스만이 발견한 핵분열 과정은 단순히 엄청난 에너지를 순간적으로 방출하는 것뿐 아니라 또 다른 특성을 갖고 있다는 것이 명백해졌다. 이 특성은 바로 우라늄이 바륨과 크립톤으로 분열한 뒤 두세 개의 중성자를 방출한다는 것이다.

발생된 2~3개의 중성자들은 우라늄의 다른 원자들과 충돌하여 더 많은 중성자를 방출한다. 즉, 좀 더 적절한 상황이 주어지면 하나의 우라늄 핵으로부터 시작하여 핵분열이 연쇄반응에 의해서 등비급수적으로 확대되며 바로 이것이 세계를 깜짝 놀라게 했던 원자탄의 기본 원리이다(아래 그림 참조).

핵분열을 하면 연쇄반응에 의해 등비급수적으로 확대된다.

핵분열의 발견은 이와 같이 원자에너지의 방출이라는 현실적인 문제로 이끌어갔지만 실제로 이것을 실용화하는 데는 해결해야 할 몇 가지 문제가 있었다. 그 최대의 문제는 증배된 중성자가 비분열성인 원자핵에 흡수되거나 또는 시스템에서 새어나가든지 하여 연쇄반응이 정지되는 상황을 방지하는 일과 반대로 연쇄반응이 과도하게 일어날 경우 이를 인위적으로 제어하는 일이다.

한편 1938년 유태인인 마이트너가 나치로부터 탈출해 스톡홀름에 도착하기 전, 이렌느 졸리오 퀴리와 프레더릭 졸리 퀴리(Irene Joliot-Curie, Frederic Joliot-Curie, 1935년 노벨화학상 수상, 마리 퀴리의 딸과 사위)가 1939년 3월 〈네이처〉에 〈우라늄의 핵폭발로부터 중성자의 방출〉이라는 논문을 출판하여 독립적으로 독일 과학자들과 같은 결과를 발표했다.

스톡홀름에서 마이트너는 조카인 프리쉬(Otto Frisch)에게 우라늄 분열에 관한 자신의 생각을 얘기했는데, 당시 프리쉬는 독일로부터 망명하여 코펜하겐에서 세계적으로 저명한 원자물리학자인 닐스 보어와 함께 일하고 있었다.

보어는 마침 프린스턴에 있는 고등과학원에서 몇 달 동안 아인슈타인과 함께 여러 가지 물리의 중요한 문제들을 토론하기 위하여 미국으로 떠났을 때였다. 프리쉬는 보어의 실험실에서 한의 실험 결과를 확인한 후 흥분하여 미국에 막 도착한 보어에게 이 사실을 즉시 알린다.

보어도 무척 들떠서 곧 다른 과학자들에게 실험 결과를 알렸고 며칠 안에 미국 과학자들 세 그룹도 이 사실이 틀림없음을 실험으로 증명했다. 연쇄반응의 가능성은 핵물리학자들을 완전히 사로잡았지만, 그러나 왜 우라늄 핵분열의 연쇄반응이 실제로 일어나지 않았는가 하는 문제까지는 이해할 수 없었다.

12

치열한 원자폭탄 제조 경쟁

– 미국과 독일의 경쟁

보어(Niels Bohr)와 휠러(Wheeler)는 1939년 2월 7일, 콜롬비아 대학에서 열린 미국 물리학회에서 표적물인 모든 우라늄이 핵분열을 한 것이 아니라는 가설을 내놓았다. 그들의 가설은 우라늄의 세 동위원소 중 핵분열이 실제로 가능한 것은 표적물 우라늄의 0.7%밖에 안 되는 U-235뿐이라는 것이다.

자연계에서 세 개의 동위원소 혼합물로 존재하는 우라늄의 99.3%는 U-238로 무척 안정하여 U-235에 대하여 마치 젖은 담요처럼 거동하며 또 다른 동위원소 U-234는 자연에서 단지 0.006%라는 극히 미량으로 존재한다.

보어는 오직 순수한 U-235로부터만 연쇄반응을 얻을 수 있기 때문에 느린중성자로 때릴 것을 제안했고 페르미는 흑연이 감속재로서 사용될 수 있다는 의견을 내놓았다. 보통 방출되는 중성자는 초당 1만 마일로 무척 빠른데 이렇게 빠른중성자는 쉽게 U-238에 의해 포획되어 핵분열이 일어나지 않는다.

따라서 빠른중성자를 감속재인 흑연이나 중수와 충돌시키면 에너지를 잃게 되고 속도가 초당 1마일 정도를 넘지 않게 감속되어 문제를 해결할 수 있다는 것이다.

핵분열에 대한 연구가 미국에 오다

1939년 9월 1일 독일과 소련이 함께 폴란드를 침공하여 제2차 세계대전이 시작되었고, 바로 그 전에 덴마크의 닐스 보어는 핵분열에 관한 모든 출판된 자료들을 확보하고 있었다. 제2차 세계대전이 발발하던 때만 해도 과학의 중심지는 유럽으로, 특히 독일은 플랑크(Max Plank), 하이젠베르크(Heisenberg), 보른(Max Born), 볼츠만(Boltzmann) 등의 쟁쟁한 과학자들이 포진하고 있는 이론물리의 메카였다.

반면 러더퍼드, 채드윅, 톰슨 등이 있는 영국은 실험물리의 중심지로 알려져 있었다. 불확정성의 원리로 유명한 하이젠베르크(1932년 노벨물리학상)는 1926~1927년 코펜하겐에서 보어의 보조연구원이자 강사로 일했는데 이때 양자역학의 수학적 기반이 되는 불확정성 원

하이젠베르크

리를 발견했다. 또한 보른의 도움으로 행렬역학을 도입하여 20세기 초 양자역학의 발달에 지대한 공헌을 한 공로로 1932년 31살 나이에 노벨상을 수상했다.

제2차 세계대전이 시작되면서 많은 과학자들이 나치 독일을 피하여 미국으로 이민가고 그때부터 개인의 천재성에 의존하는 연구가 아니라 여러 과학자들이 그룹으로 같이 연구하는 공동연구가 빛을 발하게 된다. 특히 로렌스(E. O. Lawrence)는 미국의 비공식적인 핵물리의 메카인 버클리(Berkely) 방사선 연구실에서 독창성을 발휘하여 입자가속기, 사이클로트론을 1930년에 만들었다. 그 뒤를 이어서 반 데 그라프가 1931년에 정전 발전기를 만드는 등 핵물리와 고에너지 물리 연구에 필요로 하는 장비를 만들어내는 첨단 연구로 앞장서 갔다.

한편 1939년 9월 독일에서는 원자폭탄의 가능성에 대한 연구를 하는 그룹(일명 우라늄 클럽)을 만들었는데, 하이젠베르크, 보테(Walther Boethe), 가이거(Hans Geiger), 한(Otto Hahn), 하르텍(Paul Harteck) 등으로 구성되었다. 만일 히틀러의 과학자들이 원자에너지 원리에 입각한 폭탄을 만들기 위해 헌신적으로 일한다면 어떻게 되었겠는가?

콜롬비아 대학을 방문하던 헝가리 출신 실험 물리학자 질라드(Leo Szilard)는 독일의 폴란드 침공에 관한 최근 소식에 무척 자극을 받아 "우라늄의 핵 연쇄반응으로부터 엄청난 양의 에너지가 나오고 대형 폭탄이 만들어질 수 있다"는 내용의 편지를 써서 미국 대통령 루즈벨트한테 전달하라고 아인슈타인에게 준다. 결국 질라드-아인슈타인 편지가 제2차 세계대전 중 미국이 주도하고 영국과 캐나다가 공동 참여한 핵폭탄 개발 프로그램인 맨해튼 프로젝트(Manhattan Project)를 만드는 단초가 되었다.

세계적으로 저명한 물리학자인 아인슈타인의 편지를 받은 루즈벨트는 즉시 그 위험성을 깨닫고 표준연구소 소장인 브리그(Lyman J. Briggs)를 위원장으로 하는 브릭스 우라늄위원회(Briggs Uranium Committee)를 만들었다. 위원회는 "만일 반응이 폭발적인 것으로 판명된다면 그 파괴력은 지금까지 알려진 폭탄을 훨씬 뛰어넘는 것이 될 것이다. 따라서 우리는 철저한 연구를 하도록 재정적인 지원을 하기를 건의한다"라는 결론을 내렸다.

그해 11월 위원회는 감속재로 쓰일 흑연(graphite)과 50톤의 우라늄 산화물을 확보할 것을 건의하고, 1940년 2월에 질라드와 페르미(Enrico Fermi)가 콜롬비아 대학에서 방사성 동위원소 분리 연구를 수행하도록 연구비 6000달러를 지원했다. 국가적으로 일관성 있는 계획에 의해 지원을 받는 연구가 시작된 것은 2년 후였는데, 1939년 말에는 미국 전체에 금속 우라늄이 단 1온스(약 28.35그램)만 있었을 뿐이었다.

핵폭탄 제조를 위한 우라늄-235와 감속재 확보를 위한 경쟁

독일은 오토 한과 마이트너가 핵분열을 발견한 몇달 후인 1939년 4월, 제2차 세계대전 동안 핵무기를 개발하고 생산해낼 수 있도록 독일의 핵에너지 프로젝트(우라늄 클럽)를 시작한다. 우라늄 클럽에는 유명한 하이젠베르크, 발터 보테, 클라우스 클루시우스(Klaus Clusius), 오토 한, 파울 하르텍 등이 참여했고 책임자는 하이젠베르크였다.

그러나 이 프로젝트는 몇 달 후 독일의 폴란드 침공으로 많은 유명 과학자들이 독일 방위군으로 징집되는 바람에 종료되고 만다.

제2차 세계대전이 시작된 후 독일의 핵에너지 프로젝트는 다시 시작되어 원자로, 우라늄과 중수 생산, 그리고 우라늄 동위원소 분리

발터 보테

의 세 프로젝트로 확장된다. 그러나 핵분열이 전쟁을 종식시키는 데 크게 기여하지 못할 거라고 평가되자 전쟁을 수행하느라고 핵무기 개발에 들어가는 엄청난 자금 지원을 할 수 없었던 독일 육군 병기국은 1942년 1월에 이 프로그램을 제국연구위원회로 넘기고, 이는 다시 9개의 주요 연구소들이 나누어 맡게 된다. 따라서 연구를 주도하고 있는 연구소의 소장들은 자신들의 목적에 맞춰 연구를 하게 되고 전쟁 동안 좀 더 시급한 요구를 맞추는데 급급하여 응용핵분열을 연구하는 과학자들의 숫자는 점차 줄어들게 되었다.

한편 독일의 물리학자 발터 보테(1954년 노벨물리학상)는 1939년 6월 시카고에서 열린 과학회의에 참가했다가 젊은 여인과 로맨틱한 관계로 발전했다.

독일로 돌아온 후에도 젊은 연인과 편지를 주고받으면서 중성자 감속재로서 흑연의 가능성에 대한 연구를 했는데 평소의 그답지 않

알프레드 니어

게 수학적 오류를 범하게 된다. 즉 1941년 1월 흑연은 아무리 순수하게 만든다 할지라도 효과적인 감속재가 될 수 없다는 결론을 내린 것이다.

그의 계산상 오류는 1년 반이나 지나 다른 독일 과학자 칼 비르츠(Karl Wirtz)에 의해 밝혀졌다. 당시 미국이 감속재로 흑연을 선택한 것과 달리 독일이 원자로 감속재로서 중수를 쓰기로 하고 노르웨이 페르모르크(Vermork)에 있는 중수 공장에 지속적으로 중수의 생산을 늘릴 것을 요구하게 된 것은 보테의 계산이 근거가 된 것이다. 역사에 가정이란 것은 없지만 만일 그가 계산상 착오를 일으키지 않았다면 제2차 세계대전은 어떤 방향으로 진행되었을까?

핵분열을 일으키는 U-235를 동위원소들의 혼합물로 존재하는 자연 우라늄으로부터 처음으로 분리하는 데 성공한 사람은 미국의 물리학자 알프레드 니어(Alfred O. Nier)이다.

그는 1940년 자신이 만든 질량분석기를 이용해 미량(0.02 x10^-6g)의 U-235를 분리해내는 데 성공한다. 그는 이 미량을 콜롬비아 대학에 있는 페르미에게 보내고 페르미와 그의 동료들은 이것과 제네럴 일렉트릭(GE)에서 얻은 극미량을 가지고 1940년 3월 콜롬비아 싸이클로트론(Columbia Cyclotron)을 써서 느린중성자로 때렸다. 그 결과 보어와 휠러의 예측을 실험적으로 확인할 수 있었다.

느린중성자(저속중성자)
0.03~0.04전자볼트(eV) 정도의 낮은 운동 에너지를 가진 중성자. 우라늄 235와 충돌하면 연쇄 반응을 일으킨다.

빠른중성자(고속중성자)
핵분열 반응으로 원자핵에서 방출되는 중성자. 에너지가 크고 속도가 빛의 속도에 가깝다. 물질 안에서 감속되어 운동 에너지가 작아진다.

알프레드 니어는 극미량의 U-235를 분리하는데 고되고 엄청나게 많은 시간을 보냈지만 이 과정은 너무나 느려서 1파운드의 U-235를 분리하기 위해선 7만 5000년이나 걸릴 것으로 예상되었다. 아직은 엄청난 양의 원자력 에너지를 낼 가능성은 꿈으로만 남아 있었다.

그럼에도 불구하고 이 분야에서 많은 연구가 이루어져서 1939년에는 핵실험에 대한 논문만 100편 이상 출판되었다. 그러나 대부분의 사람들은 “실제적인 목적을 위해 물질을 에너지로 바꾸는 것은 상당한 오랜 시간이 걸려도 가능하지 않을 것 같다”고 말한 아인슈타인과 같은 생각을 갖고 있었다. 1939년 3월 보어는 덴마크로 돌아가고, 1년 후 보어와 미국 핵과학자들은 매우 폭발성 있는 이 분야에서 자신들이 발견한 것들을 더 이상 출판하지 말자고 자발적으로 약속한다.

파울 하르텍

1943년 6월경에는 출판 검열 책임자 바이론 프라이스(Byron Price)가 2만 여 개의 언론매체에 원자 쪼개기, 원자에너지, 핵분열, 라듐이나 방사성 물질의 군사적 목적 사용, 중수, 고전압 방전, 싸이클로트론, 또는 폴로늄, 이터븀(ytterbium), 하프늄(hafnium), 프로탁티늄(protactinium), 라듐, 토륨, 중수소와 같은 원소나 이들 화합물의 실험에 대한 정보를 출판하거나 방송하지 말라고 비밀 지침을 내렸다. U-235에 관한 모든 뉴스의 보도 통제로 인해 핵에너지가 실제적 용도로 이용될 수 있는가 하는 데 대해 제멋대로의 상상을 만들어냈다.

1940년 1월 독일에서는 베를린에서 정부가 주관하는 중수에 관한 회의가 열렸다. 함부르크 대학의 파울 하르텍(Paul Harteck)과 한스 수에스(Hans Suess)는 중수가 원자로를 위한 효과적인 감속재가 될 것이며 연쇄반응을 촉진시킬 것이라고 말했다. 하르텍은 우라늄 연료와 중수 감속재가 원자로 안에서 섞여서는 안 되고 폭발을 방지하기 위하여 교대로 층을 이루어 분리하도록 경고한다.

독일 관리들은 1톤의 중수를 만들기 위하여 공급되어야 할 전기가 무려 10만 톤의 석탄을 태워야 한다는 사실에 중수 생산에 대해 극히 회의적이었다.

한편 1940년 초 작스(Sachs)와 아인슈타인은 우라늄 연구가 지지부진하게 진척되는 것이 무척 불만스러워 그해 4월 루즈벨트 대통령에게 연구가 빨리 진척되려면 좀 더 많은 돈을 투자해야 한다고 설득했다. 이에 루즈벨트는 1940년 6월, 국방과학 기술에 조언을 해줄 수 있는 엔지니어, 과학자, 경제학자, 실무자로 이루어진 과학 연구개발부(Office of Scientific Research and Development: OSRD)를 만들었다.

핵연쇄 반응을 제어하기 위한 감속재로서 중수와 흑연이 쓰인다고 했는데 중수를 농축하기 위해서는 엄청난 양의 전기가 필요하다. 페르모르크에 있는 노르스크(Norsk) 수력발전소는 144미터 높이의 폭포에서 떨어지는 물을 이용하여 비료를 만들고 있었다. 중수는 비료 생산 과정에서 얻어지는 부산물로 페르모르크가 당시 세계에서 가장 중요한 중수 공급처였다. 1939년 말부터 독일에서 중수를 주문하는 양이 급격하게 늘어나면서 수력발전소 경영진도 혹시 극악무도한 일이 일어나고 있는 것이 아닐까 의심하기 시작했다.

노르스크 수력발전소

1940년 1월 프랑스 정부는 독일이 중수를 확보하는 것을 막기 위해 노르웨이 정부와 접촉하여 중수를 얻으려고 한다. 당시 노르웨이 수력발전소 주식의 25%를 독일회사 파르벤(Farben)이 소유하고 있었는데 발전소는 매달 10kg의 중수를 생산해내며 약 200kg의 양을 보유하고 있었다. 1940년 3월 4~10일 사이 프랑스 요원이 비밀리에 페르모르크를 방문하여 185kg의 중수를 스코트랜드를 거쳐 프랑스로 가져온다. 한편 1940년 미국에는 중수가 없었고 질라드와 페르미는 감속재로 중수 대신 대체 재료로 흑연을 쓰기로 한다.

1940년 4월 독일은 노르웨이를 침공하고 사령관은 노르스크 하이드로(Norsk Hydro) 수력발전소에 한 달에 중수를 10kg에서 30kg으로 늘려 생산할 것을 명령했다.

독일이 노르웨이와 수력발전소를 점령했다는 소식이 전해지면서 연합군들은 페르모르크의 발전소를 파괴하려는 임무에 착수했다.

거의 2년 이상 중수 플랜트를 장악하려는 투쟁은 계속되어 최소한 5차례의 공습과 92명의 목숨이 희생되었다. 당시의 상황은 후일 여러 편의 영화와 책으로 출판되어 숨은 영웅들의 희생을 이야기해준다. 마침내 독일은 플랜트를 포기하고 남은 중수와 중요한 부분들을 해체하여 1944년에 독일로 가져갔다.

같은 해 5월 10일 독일은 프랑스, 벨기에, 네덜란드를 침공하고 파리는 6월 15일 독일에 점령당한다. 1940년 여름, 독일이 3500톤의 우라늄 광석을 벨기에의 식민지인 콩고의 카당가(Katanga)에서 확보했다는 소식이 서방에 전해진다. 1940년 4월 이후 독일은 가장 많은 양의 우라늄과 중수를 비축하고 있고 더구나 독일은 체코슬로바키아의 우라늄광까지 지배하게 되었다.

한편 1939~1940년 8월 사이 카당가에 있는 벨기에 우라늄 광산의 책임자 상지에(Edgar Sengier)는 우라늄의 군사적 가능성에 대한 얘기를 듣고 아무도 모르게 높은 순도의 우라늄광 1200톤을 2000개의 강철 드럼통에 넣어 뉴욕으로 보냈다.

영국에서는 독일의 카이저 빌헬름(Kaiser Wilhelm) 연구소(나중에 Max-Planck 연구소로 바뀜)의 많은 부서가 핵연구를 수행하고 있다는 것을 알고 독일의 원자탄 제조 가능성에 대해 불안해하기 시작했다. 그래서 노벨상 수상자인 톰슨(Thomson)의 지도 아래 MAUD(Military Application of Atomic Detonation, 핵폭발의 군사적 이용)위원회가 만들어지고 프리쉬(Robert Frisch), 로트블랏(Joseph Rotblat), 코크로포트(John Cockcroft), 올리판트(Marcus Oliphant), 채드윅 등이 참여하며 나중에는 실험 물리로 유명한 카벤디쉬 연구소의 노만 페더(Norman Feather)와 에곤 브레처(Egon Bretscher)까지 참여했다.

프랑스 과학자들도 나치의 손에 원자탄이 들어갈 경우의 위험성에 대해 잘 알고 있었으므로 1940년 6월에 프랑스가 히틀러에게 넘어가자 졸리오 퀴리(Joliot-Curie)는 자신의 동료들인 한스 폰 할반(Hans von Halban)과 루 코와르스키(Lew Kowarski)를 보내 영국의 핵물리학자들을 돕게 한다. 코와르스키는 독일이 침공하기 전 프랑스 정부가 노르웨이에서 가져온 약 165kg의 중수를 가지고 영국에 왔다.

플루토늄의 발견과 임계질량

1940년 10월 맥밀란(Edwin McMillan)과 시보그(Glenn Seabog, 1951년 노벨화학상 공동수상)는 버클리에서 우라늄-238을 중성자들로 때리자 U-239가 되고 U-239는 두 개의 베타입자를 잃고 새로운

시보그(Glenn Seabog 왼쪽)와 맥밀란(Edwin McMillan)

초우라늄원소(Pu-239)가 되는 것을 발견하여, 플루토늄(Plutonium)이라고 명명했다.

즉 U-238이 중성자 방사선에 노출되면 가끔 핵은 중성자를 포획해서 U-239로 변하고 반감기가 23.45분인 U-239는 베타(beta)선을 방출하면서 넵투늄(Neptunium-239)으로 바뀐다. 그리고 이 물질은 반감기가 2.4일이라 다시 베타선을 방출하면서 Pu-239로 바뀌는 것이다.

플루토늄은 우라늄-235 동위원소처럼 핵분열이 가능하고 연쇄반응을 일으킬 수 있는 중성자를 방출한다. 그런데 엄청나게 중요한 사실은 플루토늄이 원자탄을 만드는데 우라늄-235 대신 쓰일 수 있다는 것이다. 게다가 이 새로운 원소는 천연 우라늄에서 U-235를 분

루돌프 파이얼스

리하는 것보다도 더 쉽게 분리해낼 수 있었다.

이는 매우 어려운 물리적 방법으로 우라늄 동위원소를 분리하던 것과는 달리 원소 자체가 달라서 화학적 방법에 의해서 용이하게 분리할 수 있기 때문이다. 플루토늄의 발견은 미국의 맨해튼 프로젝트에 굉장히 큰 영향을 준다.

독일에서 태어난 유태계 물리학자 파이얼스(Rudolf Peierls)와 프리쉬(Otto Frish)는 영국에서 원자물리에 대해 공동연구 하고 있었다.

1940년 3월 두 사람은 핵분열이 가능한 U-235의 임계질량으로부터 어떻게 원자탄을 만들 수 있는가를 짧은 논문으로 출판한다. 임계질량이란 핵분열시의 핵 연쇄 반응은 핵분열성 물질의 크기, 모양, 순도 및 주변의 물질에 좌우되는데 만약 핵분열성 물질의 질량이 연쇄 반응을 지속할 수 있을 정도가 되면 이를 임계질량이라고 한다.

그때까지만 해도 원자탄 만드는 데 몇 톤의 우라늄이 필요하고 그래서 원자탄을 만든다는 게 실용적이지 못하다는 생각들이 지배적이었다.

그런데 이 짧은 논문에서 그들은 핵분열이 가능한 U-235의 양은 약 1kg 정도라고 계산한 것이다. 이 연구 결과는 처음에는 영국 그리고 나중에는 미국까지 원자탄에 대한 관심을 다시 점화시키는 중요한 역할을 하게 되며, 처음 그들의 발견에 관한 보고서가 영국의 MAUD위원회를 거쳐 미국에 1941년에 알려지게 된다.

이 보고서는 결국 제2차 세계대전 동안 원자탄이 만들어질 수 있다는 확신을 심어주어 OSRD 산하 모든 연구 프로젝트 중 맨해튼 프로젝트가 최우선적인 프로젝트가 되며 나중에는 원자탄을 개발하게 된 중요한 도화선이 된 것이다.

1941년 12월 진주만 공격으로 미국이 제2차 세계대전에 참전하게 되자 처음 과학연구개발부 소관으로 맨해튼 프로젝트를 시작할 때의 연구비는 고작 6000달러였으나, 이제 총 프로젝트의 연구비는 20억 달러(현재 가치로 258억 달러)로 늘어나게 되었다. 고용 인원만도 최대로 많을 때는 13만 명이나 되는 세계 역사상 이렇게 많은 돈과 두뇌가 집중된 예가 없는 전무후무한 과학 프로젝트가 된다.

한편 1941년 9월 독일 과학자들도 핵폭탄이 이론적으로 가능하다는 것을 인정하였으나 독일군 수뇌부는 핵폭탄이 기술적으로 가능한지에 대한 확신이 없었고 더구나 2차대전은 핵폭탄 없이도 끝낼 수 있다는 자신감이 있었다.

독일 원자로의 폭발

1942년 5월, 하이젠베르크와 되펠(Robert Doepel)은 라이프치히(Leipzig) 실험실에 네 번째 시도 만에 원자로 파일을 건설하는 것을 간신히 해낸다. 하이젠베르크는 미국의 맨해튼 프로젝트에 대비되는 독일의 핵무기개발위원회(우라늄 클럽)의 책임자였다.

1942년 6월 독일의 최고 군 지도자들과 과학자들이 전쟁물자 생산의 우선권을 결정하기 위해 카이저빌헬름 연구소에 모였고 그때 저명한 핵물리학자 하이젠베르크는 원자핵 분열로 인한 엄청난 양의 에너지에 대해 설명했다. 이 모임이 있은 지 몇 주 후 군수산업 책임자인 슈페어(Albert Speer)는 히틀러에게 원자핵 분열을 설명하면서 지속적으로 과학적 연구를 수행하도록 정부가 연구비를 지원해줄 것을 건의했다.

그러나 같은 날 독일의 핵프로그램은 돌이킬 수 없는 실패를 하고 만다. 하이젠베르크와 되펠은 1942년 5월에 라이프치히의 자기 연구실에 원자파일 L-IV를 구축해 놓았는데 6월 23일 거의 임계상태에 도달하려는 순간 갑자기 덩어리에서 예기치 않게 기포들이 발생하기 시작했다.

되펠이 시험해 보니 기체는 수소여서 즉시 외피를 두른 우라늄과 둘러싸고 있는 중수 사이에서 누출이 있다는 것을 의심했다. 그는 누출의 범위를 알아내기 위해 기술자에게 주입구의 나사를 빼라고 지시한다. 그러자 갑작스런 압력 강하로 벌겋게 타고 있는 작은 조각의 우라늄과 함께 뜨거운 기체들이 쏟아져 나오기 시작했다. 입구에서 쏟아져 나오는 불길은 더 많은 우라늄에 불을 지폈다.

공포에 찬 되펠이 불을 끄려고 양동이의 물을 쏟아부었는데 불은 꺼졌으나 이번에는 입구에서 검은 연기 기둥이 마구 쏟아져 나왔다. 그는 전화기로 달려가 하이젠베르크에게 파일의 온도가 증가하고 있다는 것을 설명했다. 두 사람은 외피를 두른 우라늄의 여러 지점에서 압력이 상승하는 것을 감소시키기 위하여 끌로 파일을 열기로 결정한다.

그러나 그렇게 하자마자 우라늄이 부풀어 오르면서 마구 흔들리는 것이 아닌가? 두 사람은 서로를 쳐다보며 목숨을 위해 도망쳐야 할 때라는 것을 즉시 알아챘다. 그 둘이 막 길거리로 뛰쳐나왔을 때 실험실이 폭발하면서 사방으로 타고 있는 작은 우라늄 조각들을 쏟아냈다.

라이프치히 소방관들이 현장에 즉시 출동했지만 그 불은 이틀이 더 걸려서야 겨우 진화할 수 있었다. 이 사건이 미국과의 원자탄 개발 경쟁에서 전환점(1942년 6월 23일)이 되어 독일 과학자들은 손실된 중수와 농축된 우라늄을 보충해 다시 이전의 상태로 회복하는 데만 2~3년이 더 걸렸다.

13

핵무기의 아버지들

– 오펜하이머와 텔러의 비극

리제 마이트너(Lise Meitner)가 핵분열 과정에서 어마어마한 에너지가 방출된다는 것을 처음 발견하여 1939년 핵시대의 탄생을 예고한 지 약 80년이 지난 후 인류는 지구상에서 서로를 절멸시키겠다는 듯이 더욱 더 성능이 좋은 핵폭탄을 개발하는 데 전력을 다하고 있다. 사상 최초로 대량살상 무기인 원자폭탄을 만든 오펜하이머(John Robert Oppenheimer, 1904~1967)와 그보다 훨씬 위력이 큰 수소폭탄을 만든 에드워드 텔러(Edward Teller, 1908~2003)는 과학계에 잘 알려진 라이벌이다.

어느 분야에서나 마찬가지로 과학계에서도 적대심이 가득한 반목으로 인해 한 과학자의 몰락을 가져온 경우를 많이 볼 수 있다. 그러나 각각 원자폭탄과 수소폭탄의 아버지라 불리는 로버트 오펜하이머와 에드워드 텔러의 경우는 두 사람 다 서로 다른 방식으로 과학

오펜하이머(왼쪽)와 텔러

계에서 쫓겨나고 말았다.

맨해튼 프로젝트
제2차 세계대전 중 미국이 추진했던 원자폭탄 제조계획. 이 프로젝트를 총괄하는 특수 임무를 띤 군사 기구가 프로젝트 초기 뉴욕 맨해튼에 설치되어 붙은 명칭이다.

제2차 세계대전 동안 맨해튼 프로젝트의 책임자로 원자폭탄을 만들어 판도라의 상자를 연 오펜하이머는 핵시대에 누구보다도 견디기 힘든 짐을 졌던 인물로 그래서 그를 '아메리칸 프로메테우스(Prometheus)'라고도 부른다. 원자폭탄 투하로 히로시마와 나가사키에서 한순간에 수십만 명의 사상자를 낸 끔찍한 결과에 오펜하이머는 엄청난 괴로움에 빠졌다.

오펜하이머가 "나는 세계의 파괴자, 죽음이 되었다(I have become death, the destroyer of worlds)"라고 했다는 말에서 그의 고뇌와 번민의 깊이를 알 수 있을 것 같다. 전쟁 전인 1930년대 대공황기부터 10여 년간 FBI는 버클리에서 공산주의에 동조하는 친구들과 교류하는 오펜하이머를 엄중히 감시하고 도청했으며 편지도 뜯어보았다. 비록 그가 맨해튼 프로젝트를 성공적으로 이끌어 제2차 세계대전에서 큰 공을 세웠다곤 하지만 매카시즘이 휩쓸던 1950년대에 오펜하이머는 수소폭탄 개발에 지속적으로 반대하여 결국 1954년 국가안보 청문회에 서게 된다.

매카시즘
1950~1954년 미국을 휩쓴 일련의 반(反)공산주의 선풍. 공산주의가 팽창하는 움직임에 위협을 느끼던 미국의 사회적 분위기를 이용하여 체제에 반대하는 사람을 공산주의자로 몰아 처벌하려는 선동 정치에서 유래한다. 이를 주도한 사람이 상원의원 존 매카시이다.

맨해튼 프로젝트 동안 오펜하이머 밑에서 일했던 에드워드 텔러는 청문회에 증인으로 참석하여 오펜하이머에게 결정적으로 불리한 증언을 하여 사실상 그를 위험인물로 만들어버렸다. 그 이후 오펜하이머는 원자력위원회 위원으로서의 자격이 박탈되었고 군 기밀에 대한 접근까지 금지당하는 수모를 겪는다. 그는 하루아침에 국가적 영웅에서 국가 안보를 위태롭게 하는 인물로 낙인찍히고 모든 공직에서 물러나야 했다.

한편 에드워드 텔러는 '수소폭탄의 아버지'라는 수식어와 함께 오펜하이머 몰락의 핵심 악역으로 잘 알려져 있다. 그는 가공할 만한 핵무기들이 평화를 가져올 것이라는 신념을 가지고 있었다. 텔러는 미국이 군사적 우위를 갖도록 대통령에게 과학기술의 군사화에 남다른 열정으로 지속적으로 조언하여 정치적으로 가장 영향력을 행사했던 물리학자이다. 텔러의 사례는 뛰어난 수재가 권력의 자리에 있을 때 우연이든 또는 의도적이든 끼칠 수 있는 해악의 대표적 예가 되고 있다. 유명한 역사가 리처드 로즈(Richard Rhodes)는 인터

에드워드 텔러는 핵전쟁 영화의 모델이 될 정도로 유명세를 탔지만 학계에서는 철저히 배척당했다.

뷰에서 텔러에 대하여 다음과 같이 말한다. "텔러는 그가 자문했던 모든 대통령들에게 일관되게 나쁜 조언을 해주었다."

이런 일은 정치에서는 흔히 주류에서 일어나는 현상이지만, 그러나 텔러 사건의 경우 심지어 과학에서조차도 그러한 권력 남용이 사용될 수 있음을 보여주었다. 텔러는 비록 세속적으로는 성공했지만 학계에서 철저히 배척당하였으며, 냉전시대에 핵무기 전쟁의 광기를 블랙 코미디로 다룬 스탠리 큐브릭의 1964년 영화 '닥터 스트레인지러브(Strange Love)'의 실제 모델이 되기도 했다.

이 일은 정부에서 일하는 과학자들의 역할과 관련된 정치적, 도덕적 문제들의 함축성 때문에 과학계에서 굉장한 사건이 되었다. 역사학자들과 과학자들에게 집요하게 계속되는 질문은 "왜 텔러가 그렇게 행동하였을까?"라는 것이다. 그 질문들의 해답을 찾기 위하여 에드워드 텔러의 일생과 오펜하이머와의 관계를 살펴본다.

에드워드 텔러

에드워드 텔러는 헝가리에서 태어난 유태인계 미국 물리학자로 흔히 '수소폭탄의 아버지'로 불린다. 그는 핵물리, 분자물리, 분광학(텔러의 가장 유명한 기여는 Jahn-Teller effect, Renner-Teller effect)과 표면물리(Brunauer-Emmett-Teller (BET) theory)에 많은 기여를 했다.

에드워드 텔러(Edward Teller)는 1908년 헝가리의 부유한 유태인 가문에서 변호사인 막스 텔러(Max Teller)의 아들로 태어났다. 그는 부다페스트에서 자란 헝가리 유대인의 놀라운 세대에 속하는데, 그들은 20세기 가장 영향력 있는 물리학자 및 수학자 중 7명을 배출한 학교의 동문들이다.

텔러를 비롯해 수학자 존 폰 노이만(John von Neumann), 물리학자 유진 비그너(Eugene Wigner), 레오 질라드(Leo Szilard)와 테오도르 폰 카르만(Theodor von Kármán)이 모두 어릴 적 친구들이다. 특히 텔러와 함께 비그너, 질라드와 폰 노이만은 원자탄 만드는 데 같이 일해서 동료들은 그들을 '헝가리인들의 음모'라고 농담으로 놀렸다.

어렸을 때 텔러는 대부분의 아이들보다 늦게 말을 배웠지만 수학에는 매우 뛰어났다. 1일이 몇 초인가를 머릿속으로 계산하면서 침대에서 깨어 있을 정도로 숫자에 상당한 흥미를 가졌다.

1919년, 11살 어린 나이에 텔러는 격동의 정치를 겪게 된다. 공산주의자 쿤 벨라(Kuhn Bella)가 제1차 세계대전 종전과 동시에 정권을 잡아 헝가리 소비에트공화국을 선포하는데, 그때 공산 정권을 장악한 많은 인물들이 유대인이었다. 쿤 정부는 4개월도 못되어서 붕괴되었지만 정권을 잡은 동안 정치적 긴장과 억압이 고조되면서 수많은 사람들을 처형하고 체포하는 적색테러를 가해 강한 반유대주의가 형성되었다. 이 공산 정권은 침략한 루마니아 군대에 의해 무너지고 사회민주당이 정권을 잡았는데 이번에는 백색테러라는 무자비한 보복이 자행되었다. 대략 5000명이 처형되었으며 그들 대부분이 유대인이었다.

즉 1차 세계대전 후 헝가리에서 혁명과 반혁명이 일어나 각각 반대 정치세력에 적색테러와 백색테러라는 무자비한 보복이 가해졌다. 민감한 유년기에 공산주의자들이 불러온 정치적 혼란과 혁명은 평생 동안 그에게 상처를 주어, 공산주의와 파시즘에 대한 적의를 오랫동안 품게 했다. 비록 이 기간 동안 텔러는 헝가리에 머물렀지만, 아버지는 그에게 좀 더 나이가 들면 이민가라고 말한다.

텔러는 미크로스 호르티(Miklós Horthy) 정권의 대학에서 공부하는 학생 수에 대한 차별적인 입학 제한 때문에 1926년 헝가리를 떠나 독일로 가서 카를스루에 공과대학(Karlsruhe Technical Institute)에 입학했다. 텔러는 수학을 전공하고 싶었지만 수학으론 밥 벌어 먹기 힘들다고 반대하는 아버지와 타협하여 화학을 전공하면서 몰래 수학을 공부했다.

2년 후 이 사실을 알게 된 아버지는 결국 아들에게 원하는 공부를 하라고 허락했다. 텔러는 화학공학으로 1928년 카를스루에 공대를 졸업하자, 유명한 물리학자 조머펠트(Arnold Sommerfeld) 밑에서 공부하기 위하여 뮌헨대학으로 옮겨간다. 당시엔 수학과 물리가 같은 과에 있었다. 그는 뮌헨에서 전차 사고로 오른쪽 발이 절단되어 평생 의족을 착용하며 다리를 약간 절었다.

텔러의 지도교수 조머펠트는 장래 노벨상을 받는 하이젠베르크(Werner Heiseberg), 베테(Hans Bethe), 파울리(Wolfgang Pauli) 같은 학생을 기른 위대한 선생이었지만, 텔러는 별로 흥미를 느끼지 못하여 같은 해 가을 하이젠베르크 밑에서 공부하기 위해 라이프치히대학(University of Leipzig)으로 옮긴다. 1930년 박사학위를 받은 그의 논문은 수소분자이온을 이론을 써서 최초로 정확하게 설명한 것이다.

텔러는 막스 보른(Max Born, 1954년 노벨 물리학상)과 제임스 프랑

막스 보른(왼쪽)과 제임스 프랑크가 함께 들어간 기념우표

크(James Franck, 1925년 노벨 물리학상) 때문에 '세계의 수학과 물리학 센터'라고 불리던 저명한 괴팅겐 대학(University of Göttingen)에 가서 1931~1933년까지 연구원으로 지낸다.

훗날 텔러는 젊은 과학자로서 자신의 인생에서 가장 만족할 만한 시간을 독일에서 보냈다고 회고했다. 그러나 1933년 아돌프 히틀러가 독일 수상이 된 후 유대인들이 위험에 처하게 되자 그는 '유대인 구조위원회' 도움으로 독일을 떠나 잠시 영국으로 갔다가 1934년 코펜하겐에 있는 닐스 보어(Niels Bohr)의 이론물리 연구소에서 1년간 연구를 했다.

덴마크에 있는 동안 텔러는 젊은 러시아 물리학자이며 동료인 정치적 망명자 조지 가모프(George Gamow)와 사귀게 된다. 가모프는 얼마 안 있어 조지워싱턴 대학 교수로 미국에 갔고, 1935년 텔러도 가모프를 따라 같은 대학에서 교수직을 얻어 아내와 함께 워싱턴으로 갔다. 그곳에서 텔러는 양자물리, 분자물리 그리고 핵물리 분야에서 이론물리학자로 1941년까지 가모프와 함께 일한다.

1941년 텔러는 미국 시민권을 받고 시카고 대학의 엔리코 페르미(Enrico Fermi) 연구진에 합류하여 지속적으로 계속되는 최초의 핵 연쇄 반응을 구현하기 위한 획기적인 실험에 참여했다. 텔러는 중수소로 만들어진 별에서 핵융합 반응이 일어나듯이 핵분열 반응에 기초한 핵무기가 엄청나게 더 큰 핵융합 반응을 일으킬 수 있을 것이라는 페르미의 제안에 무척 흥미를 갖게 된다. 그러한 폭탄이 가능할지에 대한 물리학자들의 회의론에도 불구하고 후에 텔러는 핵무기 융합에 대한 자신의 생각을 집요하게 밀어붙이는 열렬한 수소폭탄 지지자가 되었다.

두 천재 물리학자, 오펜하이머와 텔러의 악연

오펜하이머와 텔러의 만남은 갈등과 비극으로 끝나게 운명 지어진 치명적인 그리스 비극과 같다. 아마도 이 스토리의 가장 역설적인 꼬임은 두 사람이 얼마나 비슷한가 하는 것이다. 두 사람 다 문학과 예술에 관심이 많은 매우 부유하고 고급스러운 문화를 가진 유태인 집안 출신의 뛰어난 물리학자들이며, 역사 속에서 자신들의 위대한 역할을 염두에 두고 있었고, 또한 주변 인물들의 역경에 민감했다.

두 사람이 만났을 때 오펜하이머는 이미 미국 태생의 가장 중요한 이론물리학자들 중 한 사람으로 자리잡고 있었다. 놀라울 만큼 민첩한 두뇌 회전, 현학적인 가톨릭 지식과 관심, 그리고 역사가 그에게 어떤 역할을 맡기든지 받아들일 수 있는 능력으로 노벨상 수상자들에게까지 영향을 주고 있었다.

텔러가 헝가리에서 일어난 적색테러와 백색테러로 어린 시절부터 오랫동안 공산주의와 파시즘에 대한 적의를 가슴에 품고 있었다면 오펜하이머는 1929년 10월 뉴욕 월가 증권시장의 붕괴로 촉발된 경제대공황으로 큰 영향을 받았다. 공황 초기인 1930년에 400만 명 정도이던 실업자가 1934년에는 세 배로 늘어나 빈곤이 전국을 휩쓸어 전 국민의 3분의 1이 도탄에 빠졌다.

흔히 대공황기의 서사시로 불리는 존 스타인벡(John Ernest Steinbeck)의 〈분노의 포도(The Grapes of Wrath)〉는 극심한 가뭄과 농장 기계화로 생의 터전을 잃고 오클라호마에서 캘리포니아로 이주해 간 한 이농 가족의 비참한 생활과 절망을 통해 자본가들의 탐욕과 착취를 신랄하게 고발하고 있다.

대공황기 동안 많은 지식인들처럼 오펜하이머도 자신이 가르친 학생들이 일자리를 찾지 못해 힘들어 하는 것에 무척 실망해 좌익 활동에 관심을 가지고 버클리에서 공산주의자들과 교류를 가졌다. 1937년 아버지의 사망으로 상당한 유산을 물려받게 된 그는 몇몇 좌익단체에 기부도 했다. 1939년 오펜하이머는 스페인 내전 동안 전사한 공산주의자의 미망인이며 생물학자인 케서린(Katharine Puening Harrison)과 사랑에 빠져 1940년 결혼을 하는데, 그녀도 공산당원이었다.

그 무렵 오펜하이머는 많은 좌파 친구들, 좌파 단체와 유대관계를 끊기 시작한다. 이것은 부분적으로는 스탈린(Joseph Stalin)의 냉혹한 면에 대한 실망이기도 하지만 한편으로는 원자폭탄 개발에 중요한 역할을 하기 위해 결격 사유를 만들지 않으려는 의도도 있었다. 미국 과학자들이 연방 정부의 지원하에 원자폭탄을 개발하기 위해 동원되었을 때, 처음에는 오펜하이머는 정부 과학자들의 서클에서 제외되었다. 캘리포니아 버클리 대학의 방사선연구소 소장인 로렌스(Ernest O. Lawrence)는 정부 인사들이 그에게 '좌익 활동'에 대해 걱정한다고 오펜하이머에게 털어놨다.

오펜하이머는 좌익과의 관계는 더 이상 없을 거라고 로렌스를 안심시켰으며 구체적인 방법으로 그의 가치를 입증했다. 1942년 여름, 오펜하이머는 원자폭탄 설계에 관한 일련의 비밀토론을 위해 U.C 버클리에서 뛰어난 이론가들과의 회의를 소집했다. 버클리 물리학과 건물 맨 위층에 나치정권으로부터 도망친 이민자들인 에드워드 텔러와 한스 베테(Hans Bethe)를 포함한 여러 명의 물리학자들이 모였다. 한 달 동안 이론적 데이터를 가지고 원자폭탄에 대하여 토론이 계속되었다. 이때 텔러는 핵분열 폭탄(원자폭탄)을 방아쇠로 이용하여 훨씬 더 위력이 강한 핵융합폭탄(수소폭탄)을 만들 수 있다면서 이 폭탄을 '수퍼(Super)'라고 불렀다.

1942년 8월, 미 육군은 맨해튼 프로젝트로 알려진 원자폭탄 개발 임무를 맡게 되었다. 이 프로젝트의 군 책임자 그로브스 장군은 노벨상 수상자인 로렌스가 프로젝트의 과학 책임자가 되기를 바랐지만, 그는 핵분열성 우라늄을 동위원소로부터 분리하는 엄청나게 어려운 작업에 필수불가결한 인물이었다.

따라서 그로브스는 노벨상은 없지만 논란의 여지가 없는 '천재성과 카리스마'를 가지고 있는 오펜하이머를 민간인 책임자로 선정하는데, FBI가 보안상의 이유로 이를 거부했다. 그로브스는 오펜하이머의 좌파 정치적 전력을 알고 있었음에도 불구하고 보안요원의 이의 제기를 무시하고 그를 최적의 적임자로 선정한다.

후에 그로브스는 "오펜하이머의 과거가 아무리 핑크색일지라도 한번도 충성심을 의심한 적이 없다"라고 말했다. 그러나 그러한 믿음을 갖지 못한 FBI는 거의 10여 년간 지속적으로 오펜하이머를 도청하고 엄중히 감시했다.

1943년 오펜하이머가 뉴멕시코주에 원자폭탄 개발을 위한 비밀스

로스앨러모스 과학연구소

런 로스앨러모스 과학연구소(Los Alamos Scientific Laboratory)를 설립했을 때, 맨 처음 채용된 사람들 중 하나가 텔러였다.

텔러는 원자탄 개발이라는 본래의 연구에서 점점 더 벗어나 잠재적으로 훨씬 더 강력한 수소원자핵 융합 폭탄에 대한 연구를 계속했다. 두 사람은 거의 처음부터 충돌하였는데 불신은 주로 텔러에 의해 생겨났다. 오펜하이머가 한스 베테(Hans Bethe)를 중요한 이론물리학부의 부장으로 임명하자 갈등은 증폭되었다. 중간에 합류한 베테와는 달리 텔러는 처음부터 프로젝트에 참가했기 때문에 오펜하이머의 선택에 대해 화가 난 것은 이해되지만 그러나 오펜하이머의 선택은 현명한 것이었다.

오펜하이머는 베테와 텔러, 두 물리학자를 평가하고 둘 다 과학적으로 의심할 여지없이 유능하지만 그러나 가장 뛰어난 '프리마 돈나'들이 모인 부서를 운영하는 데 필요한 점에 집중했다. 확고한 결의와 단호한 의사 결정, 팀 플레이어가 될 수 있는 능력, 그리고 조용히 다른 사람의 자존심을 진정시킬 수 있는 사람은 베테이지 폭발성 있는 성격의 텔러는 아니라고 판단한 것이다. 이 일로 상처를 받은 텔러는 이후 오펜하이머와의 관계가 점차 악화된다.

텔러는 하라는 원자탄 개발 연구는 하지 않고 '수퍼'라고 부르는 수소폭탄 연구에 점점 더 몰두하면서 자신의 상관인 베테와 계속해서 충돌했다. 오펜하이머는 자주 두 사람의 심판관 노릇을 하게 되고 텔러가 핵분열 폭탄 연구에 방해가 되자 결국 그에게 수소폭탄만을 연구하는 임무를 맡겨 따로 독립시킨다.

수소폭탄

전쟁이 끝난 후 1946년 텔러는 로스앨러모스를 떠나 시카고대학으로 돌아온다. 1946년 4월 18~20일 전쟁 동안의 수퍼에 대한 연구를 발표하는 학회가 로스앨러모스에서 열렸다. 그러나 텔러의 '수퍼' 모델은 치명적인 결함이 있어서 나중에 오펜하이머는 "수소폭탄 만드는 것이 몇 년 동안 지연되도록, 텔러의 설계를 러시아가 그대로 따라 만들기를 바란다"라고 말했다.

그러나 역사는 텔러의 편이어서 소련이 1949년 최초의 원자탄 시험을 성공적으로 마치고 중국까지 공산국가가 되자 전략적 우위를 점할 유일한 방법으로 텔러는 과학자들, 정치인들, 군부로부터 수소폭탄을 만드는 비상계획안의 지지를 얻어내기 위해 진력했다.

오펜하이머가 의장으로 있던 원자력위원회의 과학자문위원회는 냉전시대의 핵무기 군비경쟁이 인류의 전멸을 가져올 수 있어서 수소폭탄 개발이 윤리적으로 부도덕할 뿐만 아니라 불필요하다고 선언한다. 텔러는 오펜하이머의 의견이 지극히 위험한 조언이라고 생각하는데, 군사적 긴장관계가 증대하고 있던 냉전시대인 만큼 트루먼 대통령은 1950년 '수퍼'의 개발을 승인했다.

텔러는 이 프로젝트를 수행하기 위해 1950년 로스앨러모스로 돌아온다. 중수소의 핵융합 반응을 유도하기 위해서 원자폭탄에서 나오는 고온의 열과 충격파를 '뇌관'으로 사용할 수 있게 설계된 텔러의 수소폭탄 모델은 실행이 불가능했다. 그런데 매우 뛰어난 폴란드계 수학자인 스타니스와프 울람(Stanislaw Ulamn)이 몇 년 동안 별 소득이 없던 '수퍼' 프로젝트에 분수령이 되는 아이디어를 내놓는다.

그는 상세한 계산에서 텔러의 '수퍼' 설계의 문제점을 밝히고 핵융합 연료를 압축해 지속적인 핵융합을 가능케 하는 중요한 방사선내폭(放射線內爆, radiation implosion)의 핵심 과정을 생각해냈다. 텔러는 울람의 계산에 격노하여 감정이 부글거렸지만 그러나 즉시 그

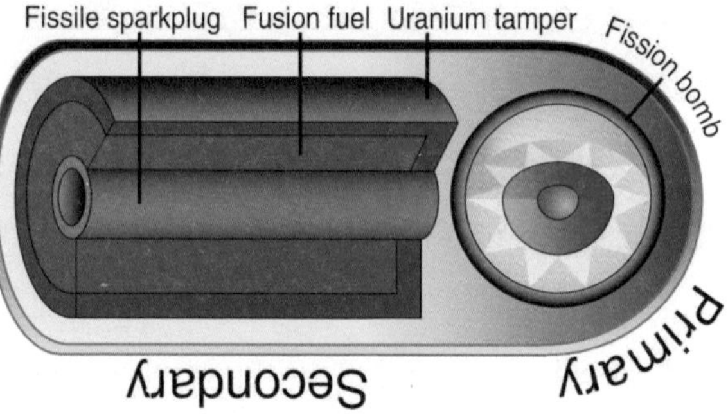

텔러-울람 수소폭탄 개념도

아이디어의 장점을 깨닫고 이를 상당히 개선했다. 그 이후로 세계의 거의 모든 수소 폭탄은 텔러-울람(Teller-Ulam) 모델을 바탕으로 만들어졌으며 기폭제인 원자폭탄, 삼중수소와 중수소를 만들어낼 중수소화리튬, 그리고 핵융합 물질을 둘러싼 우라늄 238로 이루어져 있다.

훗날 1999년 〈사이언티픽 아메리칸〉 잡지와의 인터뷰에서 노년의 텔러는 "불쑥 이렇게 대답해 미안하지만 내가 기여를 한 것이지 울람이 한 것이 아니다"라고 울람의 공헌을 인정하지 않아 정직하지 못한 사람이라는 논란을 일으켰다.

비록 텔러는 오랫동안 수소폭탄 개발을 열렬하게 지지해왔고 마침내 작동할 수 있는 텔러-울람 모델을 고안했지만, 프로젝트 개발의 책임자가 되기에는 가시돋친 성격이라는 평판 때문에 선정되지 못한다. 1952년 그는 로스앨러모스 연구소를 떠나 라이벌 핵연구소로 새로 캘리포니아에 설립된 로렌스 리버모어 국립연구소(Lawrence Livermore National Laboratory)에 합류했다.

1952년 11월 1일, 작전명 '아이비 마이크(Ivy Mike)'로 명명된 핵융합 반응에 기반을 둔 세계 최초의 수소폭탄 실험이 태평양의 에네웨타크(Enewetak) 환초에서 성공적으로 실시되었다. 폭발력은 TNT 10.4메가톤으로 히로시마 원자폭탄의 450배에 달했다. 경쟁적으로 이듬해인 1953년 8월 12일에는 소련이 TNT 400킬로톤의 폭발력을 갖는 수소폭탄 개발에 성공했다. 참고로 2017년 9월 3일에 감행한 북한의 수소폭탄(?)의 폭발력은 100킬로톤이다.

제2차 세계대전이 끝난 후 오펜하이머는 지속적으로 윤리적, 기술적 차원에서 수소폭탄 개발을 반대해 왔다. 오펜하이머의 이러한 행동은 긴박한 국제 정세와 함께 정부나 군부와 같은 권력층과 마찰을 빚게 된다. 미국에서 최초로 수소폭탄 개발이 성공하던 때, 오펜하이머는 프린스턴 대학 고등연구소장으로 여전히 과학계에 상당한 영향력을 발휘하고 있을 때였다. 텔러가 악명이 나게 된 계기는 몇 년 후인 1954년에 일어났다.

수소폭탄 프로젝트에 대해 오펜하이머뿐만 아니라 엔리코 페르미, 이지도어 라비(Isidor Rabi) 같은 저명한 과학자들은 더 큰 목소리로 반대했다. 그러나 정부의 가장 중요한 핵 고문인 오펜하이머는 그의 역할과 명성, 직설적인 말로 인해 남보다 더 눈에 띄었다.

오펜하이머 청문회와 두 천재의 비극

1954년, 미국에 매카시즘 열풍이 불어닥쳤다. 이때 오펜하이머는 원자력위원회 조사위원회 청문회에 불려가 과거에 공산주의 조직 참여 여부, 보안의 안전성에 대한 문제, 그리고 소련 스파이일 가능성을 조사당한다. 공식적인 혐의는 1952년 FBI와 텔러의 비밀 인터뷰를 기반으로 했다.

정부가 오펜하이머의 혐의를 제기했을 때 텔러는 증언을 해달라는 요청을 받는다. 청문회에서 텔러는 "나는 이 나라의 사활이 걸린 문제들이 내가 더 잘 이해할 수 있고 그러므로 더 신뢰할 수 있는 사람의 손에 있기를 바란다(I feel I would prefer to see the vital interests of this country in hands that I understand better and therefore trust more)"라고 교묘하게 오펜하이머에게 반대하는 증언을 했다.

그의 증언은 오펜하이머를 지지했던 대다수의 물리학자들한테는 커다란 배신으로 여겨져 오히려 오펜하이머보다 텔러 자신의 명예가 훨씬 더 크게 손상되었다. 오펜하이머는 권력을 잃었지만 지성적인 과학자의 순교로 비쳐져 계속 국가와 과학계에 영향을 줄 수 있었다. 그러나 텔러에겐 친한 친구들도 등을 돌리고 동료 중 한 명이 공개적으로 악수를 거부하자 그는 자기 방으로 돌아가 울었다. 텔러는 전쟁 당시 물리학 공동체의 대부분에게 버림받았다.

텔러는 이후 사망할 때까지 50년 동안 핵무기에 대한 강박증에 사로잡혀 있었다. 수소폭탄에 대한 그의 집착은 절대적이어서 소련과의 무기감축이나 화해를 추구하는 노력에 근본적으로 반대했다. 그는 방사선의 유전적 영향에 관해 라이너스 폴링(Linus Pauling)과 공개적으로 논쟁했는데, 20년 후에는 또한 핵겨울(Nuclear Winter)과 관련하여 칼 세이건(Carl Sagan)과도 논쟁을 벌였다.

핵겨울(Nuclear Winter)
미국 천문학자 칼 세이건 박사 등이 1983년에 발표한 논문에 처음 등장한 용어. 핵전쟁이 일어나면 지표면의 온도가 대폭 떨어진다고 예상되는데 이 현상을 가리켜 '핵겨울'이라고 한다.

세이건은 〈악마에 사로잡힌 세계(The Demon-Haunted World)〉라는 책에서 텔러를 언급하며 그가 핵무기가 진정 인류의 구세주라 생각하여 핵무기의 괴상한 용도로 다음과 같은 것들을 주장했다고 썼다. "여러분은 달의 먼지에 대해 더 알고 싶은가? 그렇다면 달에 핵무기를 폭발시키고 결과적으로 발생하는 먼지의 스펙트럼을 분석하면 된다. 여러분은 항구를 굴착하거나 강의 흐름을 바꾸기 원하는가? 핵무기가 그 일을 할 수 있다."

실제로 알래스카에서 상당히 깊고 크기가 넓은 항구를 핵폭탄을 사용하여 굴착하자는 텔러의 제안은 당연하게 알래스카 원주민들의 반대에 부닥쳤다. 이러한 많은 시나리오들에서 그는 방사능 낙진의 생물학적 영향을 단순히 무시했다. 텔러의 최대의 비극은 핵무기에 대한 집착에 사로잡혀서 자신의 천재적 과학적 재능을 낭비하여 진정한 위대한 물리학자가 되지 못한 데 있다. 그리고 아이러니컬하게도 텔러는 라이벌인 '로버트 오펜하이머'와 함께 이러한 운명을 다시 한 번 공유한다.

제4장

전쟁의 새로운 양상

14

드 비어스 "다이아몬드여 영원하라"

– 열렬한 제국주의자 세실 로즈

어떤 위대한 사람들은 거리에 또는 그보다 더 위대한 사람들은 마을이나 도시에 그들의 이름이 붙여졌지만, 세실 로즈(Cecil Rhodes, 1853~1902)는 역사상 두 국가—로데지아(Rhodesia: 지금의 짐바브웨)와 북로데지아(Northern Rhodesia: 지금의 잠비아)—그리고 한 연방국가—로데지아 연방(Rhodesian Federation: 말라위, 잠비아, 짐바브웨)—가 그의 이름을 따서 명명된 유일한 인물이다.

로즈는 1890년~1896년까지 케이프 식민지의 총독을 역임했던 영국 제국주의의 열렬한 신봉자로 정치가, 금융가, 그리고 광산왕이다.

그는 상황 판단이 빠른 예리한 사업가였을 뿐만 아니라, 앵글로색슨 제국 하에서 세계를 하나로 묶고 싶었던 몽상가였다. 정치와 사업에서 로즈의 주요 동기들 중 하나는 '앵글로색슨족이 세계의 일등

세실 로즈

인종'이라는 그의 공언된 신념이었다.

로즈는 "우리가 이 세상을 더 많이 차지할수록 인류에게는 더 좋은 것이다"라는 사명감(!)을 가지고 활발한 정착형 식민지를 통해 궁극적으로는 각 지역은 자치권을 가지며 런던의 단일 의회를 통해 대표권을 행사하는 식으로 대영제국을 개조할 것을 주장했다. 즉, 그는 대영제국을 캐나다, 호주, 뉴질랜드, 케이프 식민지를 포함하는 모든 영국 지배 국가들이 영국 의회에 참여하는 초강대국으로 만들기를 원했다.

이런 야망과 더불어 케이프 식민지의 아프리카 원주민들에 대한 그의 정책(흑인들은 대부분 야만인이기 때문에 그들을 지배해야 한다고 주장하면서 정치적으로 소외시켰다) 때문에 오늘날 그는 '백인 우월주의자' 그리고 극단적인 인종차별 제도인 '아파르트헤이트(apartheid)의 설계자'라는 비난을 받고 있다.

또한 로즈는 드 비어스라는 또 다른 제국을 만들었는데, 이 다이아몬드 회사(De Beers Consolidated Mines, Ltd.)는 남아프리카 공화국에서 생산되는 다이아몬드의 생산·유통의 전 과정에 대한 독점권을 가졌다. 1902년 로즈의 사망 당시 드 비어스는 세계 다이아몬드 원석 생산·유통의 90%를 지배하고 있었으며 현재는 세계 다이아몬드 원석 판매의 약 35%를 점유하고 있다.

남아프리카의 천연자원을 이용하여 거대한 재산을 모은 로즈는 죽으면서 유명한 로즈 장학금을 창설했다. 로즈 장학금은 주로 옛 영국 식민지 국가에서 학생을 선발하여, 옥스퍼드 대학에서 2년간 공부하게 하는 프로그램으로 미국 대통령 빌 클린턴도 로즈 장학생이었다.

청소년 시절

세실 로즈는 1853년 영국의 비숍스 스토트포드(Bishop's Stortford)에서 영국 성공회 사제인 윌리엄 로즈의 다섯째 아들로 태어났다. 병약한 로즈는 9살 때부터 비숍스 스토트포드 초등학교를 다녔는데, 건강이 좋지 않은데다가 심장도 약하고 천식에다가, 폐병이 되지나 않을까 하는 두려움도 있었다. 1869년 아버지는 세실에게 학교를 그만두게 하고, 남아프리카의 좋은 기후가 아들의 건강을 회복시킬 거라는 기대를 갖고 1870년, 남아프리카 나탈(Natal)에서 목화농장을 운영하고 있던 세실의 형 허버트(Herbert)에게 그를 보낸다.

17살의 어린 나이에 고모에게서 빌린 3000파운드를 가지고 세실이 농장 일을 도우려고 나탈에 있는 움코마스 계곡(Umkomaas Valley)에 도착해 보니 그의 형은 북쪽으로 650킬로미터 떨어져 있는 킴벌리(Kimberley)의 다이아몬드 광산으로 가기 위해 이미 농장을 떠난 뒤였다. 홀로 남게 된 세실은 형의 농장에서 목화를 재배하고 판매하면서 어린 나이에도 불구하고 빈틈없는 사업가임을 증명해 보였다.

그러나 목화 농사는 세실의 열정이 아니었고 대신 다이아몬드 광산이 그에게 손짓을 했다. 1871년 10월 18일, 18살의 세실 로즈는 나탈을 떠나 형이 있는 킴벌리의 다이아몬드 광산으로 간다. 그곳에서 그는 형의 채굴 작업을 감독하고 형을 대신해 투자를 했다.

사업 초기 동료였던 메리만(John X. Merriman)과 러드(Rudd)는 후에 '드비어스 광업회사 및 니제르 석유회사(De Beers Mining Company and Niger Oil Company)'에서 세실 로즈의 파트너가 된다. 케이프 다이아몬드 광산에는 소규모 채굴권을 소유한 수많은 아프리카인이나 유럽인들이 일하고 있었는데, 로즈는 이익을 극대화하려고 소규모 다이아몬드 채굴권을 사들이기 시작했다.

옥스퍼드 대학 시절

1873년 로즈는 다이아몬드 광산을 그의 사업 파트너인 러드에게 맡기고 옥스퍼드 대학 오리엘 칼리지(Oriel College)에서 공부하기 위해 영국으로 떠났다. 로즈는 옥스퍼드에서 존 러스킨(John Ruskin)의 취임 강연에 큰 영향을 받는데, 그 강연은 영국 제국주의의 대의명분에 대한 로즈의 집착을 강화시켜 주었다. 19세기의 저명한 예술 비평가이자 사회사상가인 러스킨은 전 세계적으로 제국주의의 팽창을 정당화하면서 제국주의가 문명을 확산시킨다고 주장한 인물이다. 러스킨은 "영국의 운명은 전 세계를 위한 빛의 근원, 평화의 중심이고 학문과 예술의 전당이다"라고 말했다.

옥스퍼드에서의 대학생활은 로즈에게 옥스퍼드 시스템에 대한 존경심을 불러 일으켜 "당신이 눈을 돌리는 곳마다, 과학을 제외한 모든 분야에서 옥스퍼드 출신들이 나무 꼭대기에 있다"라고 말하는데, 그런 마음이 훗날 로즈 장학제도를 설립하는 동기가 되었다.

프리메이슨(Freemason)
세계 동포주의, 인도주의, 개인주의, 합리주의, 자유주의 이념을 바탕으로 상호 친선, 사회사업, 박애 사업 따위를 하는 세계적인 민간단체. 1717년에 런던에서 결성되었다.

옥스퍼드 대학 재학 시절 로즈는 세계 시민주의적·인도주의적 우애를 목적으로 하는 프리메이슨(Freemason)이라는 비밀단체에 가입했다. 그러나 이 단체가 큰 영향력을 가지고 있으면서도 사회를 변화시키는 데 이를 사용하지 않는 것에 깜짝 놀라서 비정치적인 프리메이슨을 싫어한다. 로즈는 1902년 사망할 때까지 계속해서 프리메이슨으로 일했으나, 후에 그는 전 세계를 영국 지배하에 두는 것을 목표로 자신만의 비밀단체를 만들기로 마음먹었다.

1881년 28세의 늦은 나이에 그리스와 라틴 고전 전공으로 옥스퍼드에서 학위를 받기까지 8년 동안 그는 자신의 인생을 킴벌리 광산과 옥스퍼드를 오가며 보내야 했다.

드 비어스 다이아몬드 회사 설립

처음에 다이아몬드는 군주의 손에서나 볼 수 있었던 매우 희귀한 보석으로 적은 양이 주로 인도와 브라질에서 채굴되었다. 1866년, 15살의 가난한 농부의 아들 에라스무스 야곱(Erasmus Jacobs)이 남아프리카 호프타운(Hopetown) 근처 오렌지 강가에서 아름답게 빛나는 조약돌을 발견한다. 에라스무스는 이 투명한 조약돌이 다이아몬드인 줄 모르고 이 돌을 사겠다는 이웃 농부에게 그냥 공짜로 주어버린다.

나중에 유레카 다이아몬드—원석은 21.25캐럿(4.25g), 세공 후에는 10.73캐럿(2.146g)—로 명명된 이 다이아몬드는 현재는 킴벌리의 광산 박물관에 전시되어 있다.

1869년 또 다시 호프타운 근처에서 '남아프리카의 별(Star of South Africa)'—원석은 83.5캐럿, 세공 후 47.69캐럿—이 발견되자 그때부터 '다이아몬드 러시'가 시작되었다. 그 후로 한동안 '유레카'와 '남아프리카의 별'이 발견된 오렌지 강이 주목을 받았다. 남아프리카에서의 다이아몬드 발견은 이후 세계 다이아몬드 역사에서 중추 역할을 담당하게 된다. 그러나 이 지역에서의 투기는 실망스럽고 오래 지속되지 못했다.

다이아몬드 탐사자들이 눈에 불을 켜고 찾아다니는 다이아몬드 킴벌라이트 광맥은 좁고 깊은 당근 모양을 하고 있는데, 이는 화산 폭발로 지하의 깊은 곳에 있던 마그마가 급격한 세력으로 상승하여 지표 가까이에서 고체화한 것이다.

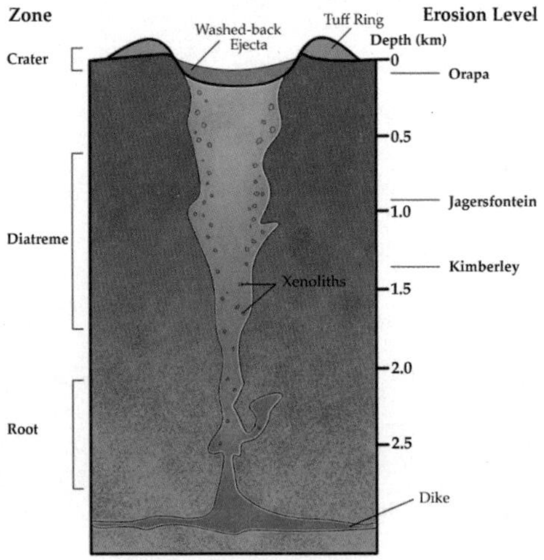

좁고 깊은 당근 모양의 킴벌라이트 광맥

1871년 남아프리카에서 두 개의 거대한 킴벌라이트 다이아몬드 광맥이 발견된다. 킴벌라이트 광맥 두 개(나중에 '드 비어스 광산'과 '킴벌리 광산'으로 알려짐)가 드 비어(D.A. and J. N. De Beer) 형제 소유의 농장에서 각각 5월과 7월에 발견된 것이다. 드 비어 형제는 네덜란드계 정착민인 보어(Boer)인으로 다이아몬드가 아니라 농사에 관심이 있는 데다가 많은 사람들이 몰려들어 땅을 지키지 못하게 되자 6600파운드에 땅을 팔아넘기고, 단지 드 비어스라는 이름만 남긴 채 다른 곳으로 옮겨갔다.

새로운 다이아몬드를 찾아 약 5만여 명의 노다지 사냥꾼들이 킴벌리로 몰려들었고 이곳은 남아프리카 전체에서 두 번째로 인구가 많은 도시가 되었다. 킴벌리 광산(지금은 '빅홀'로 알려져 있다)은 거의 1세기 동안 세계에서 가장 풍부한 다이아몬드 광산 자리를 지켰다. 1871년 로즈가 킴벌리에 도착했을 때 형의 채굴권은 드 비어 형제의 농장이 있는 '드 비어스 광산'에 있었다.

이 거대한 노천 채굴장에서 작은 채굴권(약 2.88제곱미터)으로 이익을 얻는 것이 불가능해진 데다 1873년까지 늘어난 생산량과 유럽의 경기 침체로 인해 다이아몬드 가격이 떨어지기 시작한다.

로즈는 형의 채굴권으로 수익을 올리지 못하자, 광산이 아닌 매주 천 명씩 킴벌리에 쏟아져 들어오는 사람들의 욕구를 충족시키는 데서 돈을 벌 수 있다는 것을 깨달았다.

1872년 킴벌리 광산 전경

그는 목마른 광부들을 위해 신선한 물과 아이스크림을 파는 사업을 시작하여 상당한 이익을 남겨 그 돈으로 소규모 채굴권을 사들인다. 또한 물은 광산에서 또 다른 문제를 일으키는데, 굴착기가 지하수면에 접근함에 따라 지하수가 침투하여 광산의 흙벽을 무너뜨릴 위험이 있었다.

로즈는 광산에서 물을 뽑아내기 위해 곧 증기펌프가 필요할 것이라고 생각하는데, 그런 펌프는 킴벌리에는 없었고 남아프리카 전체에 단 한 대만 있었다. 기회를 포착한 로즈는 재빨리 영국에서 증기펌프를 사는 데 가진 돈을 몽땅 투자했다. 그의 증기펌프가 킴벌리에 도착하자마자 킴벌리 광산에 급류가 쏟아져 넘쳐흘렀다.

여러 구역의 광산을 소유한 개인 채광권자들은 로즈의 펌프가 필

현재 킴벌리에 있는 '빅홀'로 알려진 노천 채굴장

사적으로 필요했으며, 그가 요구하는 것은 얼마가 되든지 지불할 수 밖에 없었다. 로즈가 점차 펌프 사용료를 올리자, 광산 소유자뿐만 아니라 광산연합회도 현금으로 지불할 여유가 없어서, 대신 광산의 주식을 주었다. 1877년까지 소규모 채굴권을 가진 사람들은 그들이 가진 모든 것을 잃을까 두려워 팔아치우기 시작하고 로즈는 이런 채굴권을 집중적으로 사들였다.

1870년대에 로즈는 다이아몬드 채광권에 투기를 하고 여러 가지 채굴 기법을 도입해 드디어 1880년 '드 비어스 광산회사(De Beers Mining Company)'를 설립함으로써 궁극적으로는 후에 막대한 부를 쌓을 토대를 마련했다. 27살이 되었을 때 그는 이미 킴벌리에서 가장 큰 광산 소유주가 된다.

한편 로즈보다 한 살 위인 바르나토(Barney Barnato)라는 이름으로 더 잘 알려져 있는 바니 아이작(Barney Issacs)은 로즈처럼 광산 채굴권 거래 기업가로서 성공적으로 거래를 성사시킨다. 바르나토는 뛰어난 사업 수완을 보여 백만장자가 되며 킴벌리에 도착한 지 5년 만에 '킴벌리 광산'을 장악하여 로즈와 바르나토는 다이아몬드계의 양대 라이벌이 된다.

바르나토의 킴벌리 광산이 엄청난 양의 다이아몬드를 쏟아내면서 가격 변동이 심해졌고, 다이아몬드 상인들이 다 처리할 수 없게 되자 다이아몬드 가격은 1캐럿에 몇 센트까지 떨어졌다.

로즈는 다이아몬드 산업의 호황과 불황의 사이클을 피할 수 있는 유일한 방법은 다이아몬드의 생산과 유통을 통제하는 것임을 깨닫는다. 1888년, 세실 로즈는 영국의 금융가문인 로스차일드(Rothschild)가로부터 자금을 지원받아 킴벌리 지역의 많은 다이아몬드 광산을 매입하여 시장 점유율을 확대했다.

그는 경쟁자인 바르나토와 주식 전쟁을 벌여 '드 비어스 광산'과 '킴벌리 광산'을 합병하여 세계 최고의 채광 그룹인 '드 비어스 통합 광산회사(De Beers Consolidated Mines Limited)'를 설립하고 초대 회장이 된다. 당시 드 비어스는 세계 다이아몬드 총 생산량의 90%를 점유하였으며 이것이 오늘날 '드 비어스' 브랜드의 시초가 되었다.

세실 로즈는 단지 다이아몬드를 통제하는 것보다 훨씬 더 큰 포부를 가지고 있었다. 그는 제국주의자이자 정치인이었다. 그는 실질적

한쪽 발은 케이프에 다른 쪽 발은 카이로를 밟고 있는 세실 로즈를 풍자한 그림

으로 부에 대한 관심은 없었기 때문에, 케이프타운에서 카이로까지 꿈의 철도를 건설하는 계획 역시 목적을 위한 수단에 불과했다. 로즈의 최종 목표는 케이프타운에서 카이로까지 영국 제국을 위해 아프리카를 식민지화하는 것이었다.

로즈와 제국주의

1880년, 27살의 로즈는 남아프리카 공화국의 통치 기구인 케이프 의회에 선출되어 정치에 입문했다. 의회에서 그는 1885년까지 영국의 베추아날란드(Bechuanaland, 후에 보츠와나 공화국으로 독립) 통제권을 확보하기 위해 보어인이 세운 트란스발 공화국과 독일의 팽창에 주의를 집중시키는데 성공한다.

은데벨 족의 왕 로벤굴라

아프리카는 1870년 이전엔 대륙의 10% 정도만이 유럽 열강들의 식민 지배를 받고 있었고, 나머지는 정착민들과 수많은 원주민 부족들로 이루어져 있었다. 1884년 11월 비스마르크(Otto von Bismarck)의 주재로 열린 베를린 회의에서 유럽 열강들은 아프리카에서 식민지 분할을 공식화함으로써, 식민지 쟁탈전이 본격화하는 계기가 된다.

유럽의 아프리카 쟁탈전에서, 신속한 대영제국의 영토 확장을 위해 세계에서 가장 부유한 사람 중 한 사람인 로즈는 개인 재산의 대부분을 영토를 획득하고 광산을 채굴하는 데 바쳤다. 그는 마타벨렐란드(Matabeleland)에서의 광산 채굴권을 얻어내기 위해 은데벨(Ndebele) 족의 왕 로벤굴라(Lobengula)에게 동료 러드(Charles Rudd)를 보낸다.

한편 로벤굴라는 신뢰하던 선교사 아들의 설득으로 영국과 우호 조약을 맺고 마타벨렐란드에서 10명 이하의 백인이 채굴한다는 조건을 내걸고 문서에 서명했다.

그러나 로벤굴라가 1888년 서명한 문서 '러드 양해각서'에는 이 조항이 빠져 있고 대신 광업회사가 사업에 필요한 모든 것을 할 수 있다고 명시되어 있었다. 나중에 로벤굴라가 속은 것을 알고 광업 채굴권을 취소하려고 시도했지만 영국 정부는 이를 무시해 버렸다. 이는 벨기에 왕 레오폴드 2세를 위하여 콩고의 식민지화에 나선 스탠리가 '평화를 위하여'라며 내민 가짜 평화문서(실제로는 주권과 통치권을 벨기에로 넘긴다는 문서)에 각 부족의 족장들 450명이 서명한 일과 흡사하다.

1889년 로즈는 이 광업 허가권을 가지고 영국 정부로부터 자신의 남아프리카 회사(British South Africa Company: BSAC)가 마타벨렐란드(지금의 짐바브웨 서부)와 마쇼날란드(Mashonaland, 지금의 짐바브웨 동부)를 통치하고 치안을 유지하며 새로운 조약과 광산 채굴 허가권을 갖도록 하는 왕실 면허장(Royal Charter)을 부여받았다.

로즈는 이때까지 케이프 식민지의 정치를 좌지우지한다. 1890년 7

월, 37살 나이에 그는 영어권 백인, 백인이 아닌 유권자, 아프리카너(Afrikaners, 남아프리카 공화국의 네덜란드 이주민의 자손)의 지원을 받아 케이프(Cape)의 수상이 되었다. 그는 영국의 지배를 받는 남아프리카 연방의 창설을 목표로 극단적인 인종차별 정책인 아파르트헤이트(Apartheid)와 네 가지 법률(독점사업, 투표권, 글렌 그레이 법, 토지법) 개정에 근본적인 기여를 했다.

1895년 말 로즈의 운명은 비참한 전환기를 맞는다. 건강이 좋지 않은 데다 서둘러 남아프리카 연방의 꿈을 이루기 위해 그는 네덜란드 정착민들이 지배하는 트란스발(Transvaal) 공화국의 크루거(Paul Kruger) 정부를 전복하려는 악명 높은 '제임슨 습격(Jameson Raid)'을 지원했다. 그러나 습격은 치명적인 실패로 끝나고, 1896년 1월 로즈는 전격적으로 총리직을 사임하고 정치 경력을 끝내게 된다.

제임슨 습격 실패는 그 후 보어인들의 트란스발 공화국-오렌지 자유국(Orange Free State)과 영국 간의 보어전쟁(1899~1902)을 부추기는데 큰 역할을 했다. 로즈는 로디지아(Rhodesia, 현재 잠비아, 짐바브웨로 독립) 개발에 집중하면서 특히 언젠가는 케이프에서 카이로에 도달할 것이라고 꿈꾸던 철도 확장에 주력했다. 평생 건강이 좋지 못했던 로즈는 보어전쟁이 끝나기 두 달 전인 1902년 3월 심장마비로 49세를 일기로 사망한다.

전형적인 영국인 특유의 침착함과 절제된 표현으로, 그는 "할 일은 너무 많고, 한 일은 너무 적다(So little done, so much to do)"라는 말로 생의 끝을 맺었다. 그는 좋은 남편이 될 수 없을 정도로 "내 손에 할 일이 너무 많아"라면서 평생 결혼하지 않았다. 그러나 몇몇 학자들은 로즈가 동성애자였는지도 모른다고 말한다.

세실 로즈의 유산

로즈는 600만 파운드(2015년 가치로 USD 약 9억 6천만 달러)를 옥스퍼드 대학에 기부하여 세계에서 가장 유명한 장학금들 중 하나인 로즈 장학금을 설립했다. 로즈 장학금은 미국, 영국 식민지, 독일에서 온 학생들한테 제공되었다. 그는 독일인들과 카이저(Kaiser)를 존경하고 경탄하는 마음이어서 로즈 장학금에 독일 학생을 포함시켰다. 결국 영국(아일랜드 포함), 미국, 독일이 함께 세계를 지배하고 영원한 평화를 보장할 것이라고 믿었기 때문이다.

또한 세실 로즈는 유언장을 통해 테이블마운틴(Table Mountain) 산기슭의 넓은 지역을 남아프리카 공화국에 기증했다. 이 부지의 일부는 로데지아 대학(University of Rhodesia)의 캠퍼스가 되었고, 일부는 커스텐보시 국립 식물원이 되었으며, 개발에서 제외되어 현재는 중요한 보전지역이 되었다.

그러나 로즈의 사후에도 그에 대해서는 논란이 많았다. 그를 비난

짐바브웨 마토보 국립공원에 있는 로즈의 무덤

하는 사람들은 그를 인종차별주의자이며 투표권과 토지 소유권에 대한 법을 바꿈으로써 남아프리카의 인종차별정책을 마련하는 데 기여한 사람들 중 하나로 본다. 짐바브웨에서는 마토보(Matobo) 국립공원에 있는 로즈의 유해를 그가 태어난 영국으로 옮기라는 요구가 여전히 끊이지 않고 있다.

한편 수년 전 '로즈 동상 철거(Rhodes Must Fall)' 운동가들은 옥스퍼드 대학에 있는 로즈의 모든 동상·초상화의 철거와 그의 이름을 딴 건물의 명칭 변경을 요구했으나, 옥스퍼드 대학은 운동가들의 압력에 굴복하지 않겠다며 이를 거부했다.

로즈의 일대기를 짚어보면서 우리의 역사를 반추해 보게 된다. 한

로즈의 조각상이 새겨진 옥스퍼드 대학의 오리엘 칼리지

국과 바로 이웃하면서 5천 년이나 중국에 시달려온 우리로서는 중국의 '일대일로(一帶一路)'도 21세기 신패권주의의 한 형태가 아닌지 하는 염려가 든다.

15

레이건의 전략방위구상(SDI)과 북한 미사일

인류 역사상 가장 위대한 발전의 일부는 아이러니컬하게도 우리 인간들이 좀 더 효율적으로 서로를 죽이는 방법을 찾아낸 결과에서 비롯되었다. "필요는 발명의 어머니"라는 속담도 있지만, 전쟁을 할 때 가장 승리할 가능성이 높은 국가는 최고의 기술을 가진 나라이며, 따라서 한 국가의 생존과 승리는 군대가 전투에서 사용하는 과학·기술에 달려 있다고 할 수 있다.

제1차 세계대전이 발발했을 때 유럽인들은 전통적인 기병대와 총검을 소지한 보병을 생각하며 전쟁이 금방 끝날 것이라고 대수롭지 않게 여겨 전쟁에 뛰어들었다.

그러나 현실은 완전히 달랐다. 유럽 대륙은 전쟁 중 일련의 첨단 무기들—소총(Rifle), 기관총, 탱크, 박격포, 75밀리포, 3엽기(Fokker Triplane), 비행선(Zeppelin), 화학무기(염소가스, 머스터드가스, 포스

젠가스, 최루가스), 화염방사기, 잠수함(U보트), 폭뢰 등—의 지속적인 등장과 맞닥뜨리게 되며, 결과적으로 약 1000만 명이 죽고 2000만 명이 부상을 당하는 대참상을 가져왔다.

어리석은 인류는 제1차 세계대전이 주는 교훈을 깨닫지 못하고 1939년 독일의 폴란드 침공에서 1945년 일본의 항복 문서 조인까지 연합국과 추축국들 사이에 전면적인 제2차 세계대전을 일으켰다. 이 전쟁으로 30개가 넘는 국가에서 1억 명이 넘는 사람들이 직접 또는 간접적으로 참여하여 6천만 명이 넘는 사상자가 발생했다.

추축국(樞軸國)
제2차 세계대전 때 일본, 독일, 이탈리아가 맺은 삼국 동맹을 지지하여 미국, 영국, 프랑스 등의 연합국과 대립한 나라들을 말한다.

사망자 수는 1940년 전 세계 인구의 약 3%에 달하는데, 대량살상의 주요 원인 중 하나는 새로 개발된 첨단 무기의 사용 때문이다. 제2차 세계대전 동안, 연합국(주로 미국, 영국, 프랑스, 소련)과 추축국(주로 독일, 일본)은 서로가 전쟁에서 우위를 확보하기 위해 혁신, 기술, 통신 및 의학에 인적·물적 자원을 총동원했다. 그 결과 레이더, 마이크로웨이브 에너지(전자레인지), 컴퓨터, 워키토키, 페니실린, DDT, 합성고무 등의 기술이 개발되어 결과적으로 오늘날 우리의 삶을 극적으로 향상시켰다.

그러나 한편으로는 많은 인명을 효율적으로 살상할 수 있는 수백 종류의 다양한 무기들도 개발, 제조되었는데, 그 중 중요한 것들은 다음과 같다.

바주카포(The Bazooka), 곡사포(M101 Howitzer), 기관단총(The M1 Thompson), 소총(M1 Garand), 기관총(M2 Browning), 수류탄(Hand Grenades), 세열수류탄(Mk2 Fragmentation Grenade), 지뢰(Mines), 탱크(M4 Sherman Tank), B-17 폭격기(Flying Fortress), 전투기(Hawker Hurricane), 고사포(Anti-Aircraft Guns), 로켓(V2 Rocket), 로켓발사기(Katyusha Rocket Launcher), 신경가스(nerve gases) 등등이다.

그러나 우리가 가장 잘 기억하는 대량살상 무기는 말할 것도 없이 핵폭탄이다. 1945년 8월 일본 히로시마와 나가사키에 최초의 원자폭탄이 투하된 후, 인류의 절멸을 가져올 수 있는 핵무기 개발 경쟁에 뛰어든 국가들 중 최소한 8개 국가—미국, 소련, 영국, 프랑스, 중국, 인도, 파키스탄, 북한, (이스라엘도 핵 보유국으로 의심)—가 지금까지 2056건의 핵폭발 실험을 했다.

그런데 해외로부터 엄청난 식량 원조를 받아야 하는 상황에 처할 정도로 북한 주민들이 극심한 식량난과 영양실조에 허덕여도 북한은 2017년까지 6차례나—1차(2006년 10월 9일), 2차(2009년 5월 25일), 3차(2013년 2월 12일), 4차(2016년 1월 6일), 5차(2016년 9월 9일), 6차(2017년 9월 3일)—미사일 발사와 핵실험을 했다.

2019년 2월 온 국민의 기대 속에 열렸던 베트남 하노이 제2차 북

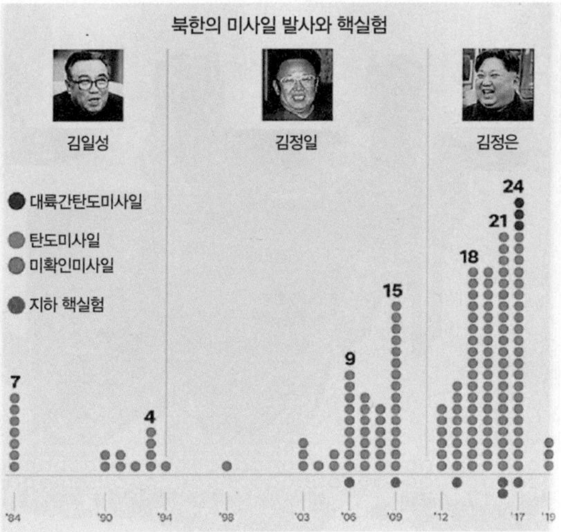

북한은 2006년부터 2017년까지 6차례의 핵실험을 했다(빨간 점 표시).

미정상 간의 비핵화 담판이 성과 없이 끝난 후 북한은 5월 4일 원산 일대에서 동해로 10여 발의 발사체를 쏘아 올렸다. CNN 등 주요 외신은 '탄도미사일'이라고 보도한 데 비해 우리 군 합동참모본부는 미사일이라고 했다가 '불상체', '발사체', '탄도미사일' 또는 아직도 분석 중이라고 오락가락했다.

논란의 핵심은 북한이 쏜 미사일에 핵탄두가 실릴 수 있기 때문인데, 최근 북한의 불상 발사체는 이스칸데르급 미사일로 밝혀졌다. 그런데 이스칸데르급 미사일은 단순 탄도비행을 하는 것이 아니라 궤도가 불규칙해 현존하는 미사일 방어 시스템으로는 요격이 힘든 것이 특징이다.

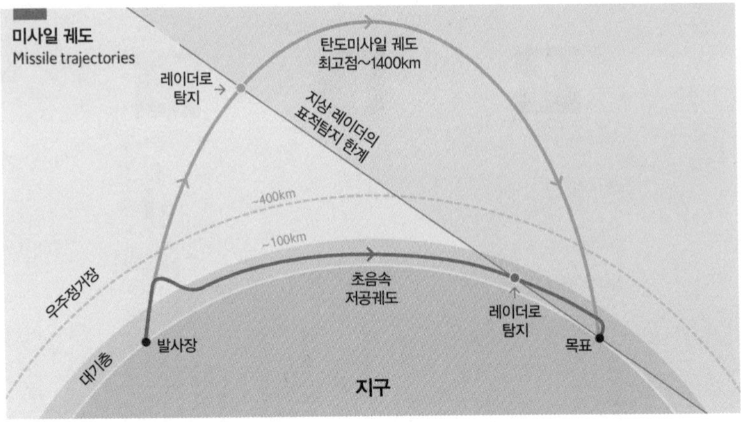

The Economist

이스칸데르급 미사일은 궤도가 불규칙해 미사일 방어 시스템으로는 요격이 힘들다.

북한의 핵을 머리에 이고 살아야 하는 우리에게는 사드(THADD)도 무용지물이라는 이스칸데르 미사일이 심각한 생존 문제가 되고 있어, 레이건의 전략방위구상(SDI), 일명 별들의 전쟁(Star Wars)에 대해 살펴보기로 한다.

냉전시대와 핵무기 경쟁

제2차 세계대전은 서로 상이한 이념적 체제, 즉 자본주의와 공산주의를 신봉하는 두 강대국 미국과 소련이 한편이 되어 싸운 매우 특이한 전쟁이다. 적과의 동침이라고나 할까? 1945년 7월 16일 뉴멕시코의 앨라모고도(Alamogordo)에서 원자폭탄 실험이 성공적으로 이루어진 직후, 이 소식은 독일의 포츠담에서 영국·소련의 수뇌부와 함께 전후 처리 문제에 대해 의논하고 있던 트루먼에게 전해졌다.

트루먼은 처칠에게 성공적인 원자폭탄 실험에 대해 스탈린에게 알릴 것인지를 의논한 후, 7월 24일 비교적 담담하게 "굉장한 파괴력을 지닌 신무기를 성공적으로 개발했다"고 말했다. 그러나 스탈린은 별로 놀라는 기색도 없이 "매우 기쁜 소식이며 일본에 대항하여 그 무기를 잘 활용하기를 바란다"라고 말한다.

스탈린의 그러한 태도는 소련의 비밀경찰국(NKVD) 수장인 베리아(Lavrentiy Beria)가 성공적인 스파이전을 벌여 맨해튼 프로젝트를 초기부터 감시했을 뿐 아니라 첫 핵실험 날짜 역시 스파이로 암약한 물리학자 푹스(Klaus Fuchs)를 통해 탐지하고 있었기 때문이었다. 그러나 스탈린은 맨해튼 프로젝트에 대해서는 알고 있었지만 핵폭탄의 위력에 대해서는 제대로 이해하지 못했던 것 같다.

1945년 8월 6일 히로시마에, 8월 9일 나가사키에 원자폭탄이 떨어진 후, 본토 방어 결사항전을 외치던 일본 정부는 이로부터 불과 1주일 후 무조건 항복했다. 일본의 신속한 항복으로 미국이 가장 결정적인 무기를 보유했음이 분명해졌다. 이후 소련은 미국에서 활약하던 스파이로부터 원자폭탄 제조의 설계도를 넘겨받아 미국이 예상했던 것보다 훨씬 빠른 1949년에 첫 번째 원자폭탄 실험에 성공한다.

이 사건은 미국의 핵무기 독점이 종식되었다는 것을 의미하며, 이에 충격 받은 미국은 1952년 11월 더 강력한 핵무기인 수소폭탄을 성공적으로 개발했다. 그러자 이에 뒤질세라 소련도 3년 뒤인 1955년 11월 수소폭탄 실험에 성공하면서 미·소 초강대국 간의 핵무기 경쟁은 점점 치열해진다. 냉전 초기에는 전략 폭격기가 핵무기의 1차 전달 수단이었지만, 이제 미국은 최초의 효과적인 장거리 미사일 부대를 창설한다.

1950년대는 한반도에서 공산주의의 도발을 맞아 미국이 막대한 희생을 치른 재래식 전쟁을 막 끝낸 상태여서, 냉전시대의 초점이 핵무기 경쟁으로 모아졌다. 당시 미국은 소련에 대해 핵전력이 상당한 우위에 있었으므로 1954년 1월, 아이젠하워 정부의 덜레스(John Foster Dulles) 국무장관이 이런 점을 고려하여 "대량 보복(massive retaliation)—소련의 어떠한 주요 공격도 핵무기를 적재한 전략폭격기를 출격시켜 거대한 보복력으로 반격한다"는 정책을 발표하면서 냉전의 분위기는 더욱 강화되었다. 이때 '대량 보복'이라는 개념의 결과로 냉전의 가장 중요한 부산물인 대륙간탄도미사일(ICBM)이 나오게 된다.

1957년 10월, 소련이 세계 최초의 인공위성인 스푸트니크 1호(Sputnik I)를 성공적으로 발사하자, 이는 아이젠하워 행정부에 심각한 경종을 울렸을 뿐 아니라, 미국 대중들 사이에 소련이 미국의 기술적 성과를 능가했다는 극심한 공포와 불안을 조성했다. 소련의 놀

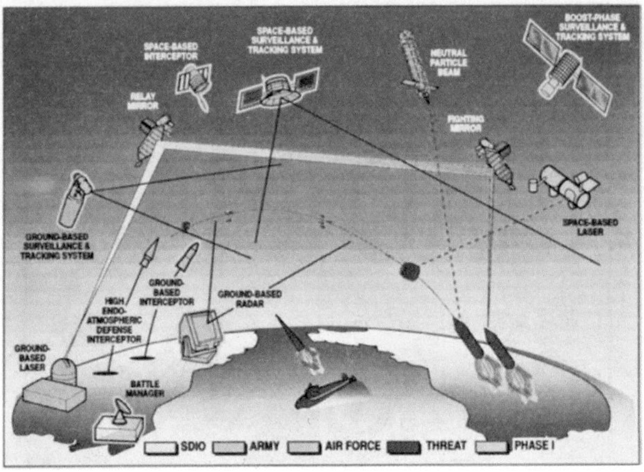

냉전시대와 미사일 방어체계

라운 성과가 미국 정책 입안자들에게 더욱 걱정스러운 것은 우주에서의 군비 경쟁의 새로운 국면을 예고하고 있었기 때문이다.

즉 소련이 인공위성을 우주로 발사할 때 사용한 기술은 미국 내 목표물에 핵탄두를 전달할 수 있는 대륙간탄도미사일(ICBM: Inter-Continental Ballistic Missile) 구축에 활용될 수 있다는 점이다. 우려했던 대로 최초의 ICBM은 1958년 소련에 의해 배치되었으며 경쟁에서 뒤처지긴 했지만 미국도 이듬해에 ICBM을 배치하는데, 이로써 냉전도 우주시대로 접어들게 되었다.

1960년대 이후 미국과 소련이 구사했던 핵전략은 MAD로 이를 상호필멸전략(MAD: Mutual Assured Destruction)이라고 한다. 즉, 적이 핵 공격을 가할 경우 적의 공격 미사일이 도달하기 전 또는 도달한 후 남아 있는 보복력을 이용해 상대편도 전멸시키는 보복 핵전

냉전을 풍자하는 만화

략으로, 핵전쟁이 일어나면 결국 누구도 승리할 수 없다는 전제하에 행하는 핵억제 전략이다. 즉 핵무기는 사용하기 위해 생산·보유하는 것이 아니라 역설적으로 사용하지 않기 위해 생산·보유한다는 전략이며, 1950년대 말 대량 보복 전략에 이어 아이젠하워 대통령에 의해 처음으로 채택되었다.

냉전 이후 핵무기 경쟁으로 인하여 막을 수 없는 탄도미사일에 의해 완전히 파멸될 불안이 가중되자, 무엇보다 효과적인 탄도탄 요격미사일(ABM: Anti Ballistic Missile) 체계 구축의 필요성이 대두되었다. 1960년대 후반 미국과 소련은 모두 고고도(高高度) 탄도탄 요격미사일(미국의 Spartan과 소련의 Galosh)과 최종단계 요격미사일(미국의 Sprint와 소련의 Gazelle)이 결합된 핵무장 탄도탄 요격미사일(ABM) 시스템을 개발했다.

레이건의 전략방위구상(SDI)과 스타워즈

1977년, 조지 루카스(George Lucas) 감독이 '스타워즈 에피소드 4: 새로운 희망'을 처음 선보인 후 '스타워즈' 시리즈는 신화적인 성공을 거두면서, 영화산업뿐 아니라 소설, 만화, 비디오 게임 등 모든 대중문화 영역에서 매우 두터운 스타워즈 마니아층을 형성했다.

우리 집 역시 중요한 시기에 공부는 뒷전이고 스타워즈 게임에 푹 빠져 있는 아들 때문에 엄청 속을 썩인 적이 있어 '스타워즈'가 청소년들에게 주는 치명적인 마력을 어느 정도 알 수 있을 것 같다.

스타워즈(Star Wars)라는 이름의 전략적 방위구상(Strategic Defense Initiative, SDI)은 원래 소련이 먼저 구상했던 것이지만,

우주전쟁을 묘사한 영화 '스타워즈'

1983년 레이건 대통령은 우주에서 핵미사일을 격추하기 위한 탄도탄 요격미사일 전략을 제안했다.

1983년 3월 23일 전국 TV 연설에서 레이건 대통령이 핵 아마겟돈을 피하려면 우주에서 핵미사일을 격추하기 위한 탄도탄 요격미사일 전략의 필요성을 처음으로 제안했다. 그것은 일련의 우주기반 X-선 레이저로 무장한 시스템이 미국을 향한 어떤 핵무기라도 이를 탐지해 요격할 것이라는 마치 공상과학 소설처럼 읽히는 계획이었다.

전략방위구상(SDI) 개발 초기에는 아더왕의 신검 엑스칼리버(Excalibur)의 이름을 딴 우주 기반 핵 X-선 레이저(space-based nuclear X-ray laser)인 '프로젝트 엑스칼리버'가 있었다. 이는 냉전 시대의 로렌스 리버모어 국립연구소(LLNL: Lawrence Livermore National Laboratory)의 탄도미사일방어(BMD: Ballistic Missile Defense) 프로젝트로 X-선 레이저 개발이 연구 목표였다. 이 개념에

엑스칼리버 발사 모형

는 핵장치 주변에 많은 소모성 X-선 레이저를 패킹하는 것이 포함된다. 장치가 폭발하면 폭발에 의해 방출된 엑스레이는 레이저에 의해 초점이 맞추어져 각각 목표 미사일을 겨냥하게 되는데, 우주에서는 X-선을 차단할 수 있는 대기가 부족하여 수천 킬로미터 떨어진 미사일에 대한 공격이 가능하다.

그러나 정치인과 과학자들은 처음부터 SDI가 너무 지나치게 야심적이라고 주장했다. SDI를 달성하는 데 필요한 기술적 장애물(단지 우주 기반 레이저뿐 아니라 다수의 제안된 디자인과 무기 포함)은 너무나 많고 극복하기도 어려워서 매사추세츠주 상원의원 에드워드 케네디(Edward Kennedy)는 이를 영화 스타워즈에 빗대어 '무모한 스타워즈' 계획이라고 언급했다. 10년 동안 정부는 이 개념을 개발하는데

300억 달러를 썼지만, 이 미래지향적인 프로그램은 그냥 미래지향적으로 남아 있어, 1993년 클린턴 정부는 구소련의 붕괴로 더 이상 SDI의 존재 이유가 없어졌다고 보고 이를 공식적으로 폐기했다.

그런데 당시 전략방위구상(SDI)은 궁극적으로 대탄도 미사일 방어체계라기보다는 오히려 소련이 자신들의 탄도탄 요격미사일 시스템 개발에 자금을 투입하도록 군사적, 경제적 압력을 가할 수 있는 선전수단으로서 가장 효과적이었다. 1980년대에 소련 경제가 벼랑 끝에 서 있었기 때문에 이러한 가능성은 특히 중요한데, 소련 지도자들은 엄청난 예산을 쓰는 SDI가 어떤 특별한 기술 혁신을 눈앞에 두고 있다고 생각하고 미국이 우주무기화 기반을 마련할 것을 매우 우려했다. 소련의 군사 예산은 철저히 비밀이 유지되었지만 아마도 소련의 연례 GDP의 15~17%를 차지할 정도로 소련 경제에 큰 부담을 주게 되면서 결국 구소련 체제 해체에 한몫을 하여 냉전시대를 종식하게 되었다.

여하튼 어떤 과학자들은 "SDI를 스타워즈라고 비판하는 것은 마치 맨해튼 프로젝트를 스타워즈라고 비판하는 것과 같다. 두 프로젝트 모두 이론적 아이디어를 채택하여 현실화 시키는 것인데, 결국 두 프로젝트 모두 마찬가지다. 그것도 둘 다 하룻밤 사이에 일어나는 일이 아니고, 둘 다 막대한 비용이 든다"라고 말하여 SDI가 현실적으로 가능하다고 말한다.

트럼프 대통령의 우주군 창설과 제다이의 귀환

2018년 3월 1일 푸틴(Vladimir Putin) 러시아 대통령이 미국의 미사일 방어망을 피하는 것으로 추정되는 새로운 탄도미사일과 극초음속 순항미사일을 발표했다. 그는 공개 연설에서 "세계 어느 곳에서도 이들과 같은 것을 찾아볼 수 없으며, 미래의 어떤 미사일방어시스템도 막을 수가 없을 것이다"라고 자랑했다.

푸틴의 주장이 심각한 경종을 울리면서 미국은 우주 기반 미사일 추적 센서, 핵탄두를 잽싸게 치는 고에너지 입자빔 그리고 트럼프 대통령의 '우주군' 신설 등 여러 가지 대책을 마련한다. 트럼프 대통령은 2019년 2월 19일 우주정책지침-4(SPD-4)에 서명해 육해공군, 해병대, 해경과 함께 미국군의 6번째 부문으로 우주군을 창설하라

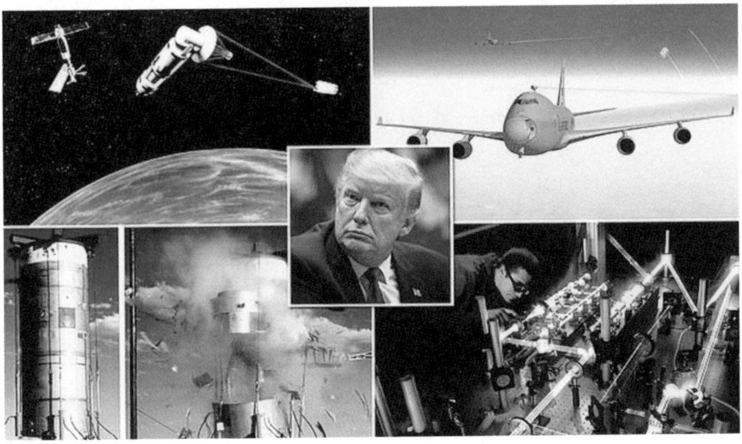

트럼프의 우주군

고 명령했다.

트럼프의 이 명령은 40년 전 레이건 대통령의 전략방위구상(SDI)을 기억하는 사람들에게는 다시 한 번 데자뷰처럼 들린다. 레이건의 비전은 미사일이 지구 대기권에 재진입하기 전에 공중에서 미사일을 추적해 파괴할 수 있는 궤도를 도는 레이저빔 스테이션을 갖는 것이었다.

과학자들은 미사일을 요격하는 우주기지 레이저와 지상 발사를 탐지하는 궤도광학 시스템은 점증하는 러시아와 중국 ICBM의 위협에 대처할 수 있다고 하며 다만 이 두 시스템들이 성공하기 위해서는 여러 핵탄두들이 로켓과 분리되기 전인 부스트 단계에서 탐지하고 파괴해야 한다고 지적한다.

2019년 5월 북한에서 쏘아올린 발사체가 이스칸데르의 개량형이 맞다면 한반도에 치명적인 안보 위협이 될 터인데, 이에 대한 우리의 대미사일 방어전략이 있는지 걱정이 된다.

16

정보통신 시대의 하이브리드(hybrid) 전쟁

정보통신 기술의 발달에 따라 이제 폭탄은 GPS 위성에 의해 유도되고 무인 항공기는 우주-지상 체계들과 연동시켜 원격 조종되며 전투기와 군함은 현재 거대한 데이터 처리센터가 되었다.

일반 병사들까지도 시스템에 연결되어 있다. 지난 20세기까지만 해도 상대방 국가에 서로 스파이를 보내 목숨을 걸고 책 한 권 정도의 정보를 빼낼 수 있었다면 이제는 사이버 공격으로 도서관 전체만큼의 정보를 용이하게 빼낼 수 있다. 그러나 인터넷 연결이 확산하면 할수록 사이버 공격의 수단도 증가하며 컴퓨터에 대한 의존도가 커질수록 야기될 수 있는 해악도 크게 늘어난다.

이제 정보통신 시대에서 4차 산업혁명 시대로 진입하려고 하는 이때, 기술혁신에 따른 전쟁의 양상도 오랜 세월 어떻게 변모해 왔는지 그 역사를 간단히 요약하고자 한다. 특히 정보통신 시대에 사이버 전쟁의 한계와 장점은 무엇인지를 살펴보고 사이버전의 한 획을 그은 대표적인 예를 몇 가지 들여다보면서 우리가 처한 상황을 점검해 보는 것도 의미가 있을 것 같다. 특히 러시아가 에스토니아, 조지아, 우크라이나와 벌인 하이브리드 전쟁의 전략은 우리에게도 많은 것을 시사하고 있다.

역사적 관점에서의 기술과 전쟁

> "통상적으로 더 멀리 진격하고, 더 강하게 타격하고, 더 빨리 도달할 수 있는 군대는 승리를 거두었고, 반면에 작전 범위가 제한되고, 덜 무장되고 기동력이 느린 군대는 패했다. 이 때문에 인류는 진격 범위를 넓히고, 화력을 증강시키고, 무기와 군대의 기동성을 가속화하는 데 막대한 창의적 노력을 쏟아부었다."
>
> – 앨빈 토플러

인류 문명의 여명기부터 기술은 항상 개선된 전쟁 도구를 생산하는 데 사용되어 왔다. 전쟁은 수세기 동안 부족 사회 간의 원시적 전쟁에서부터 농촌경제에 바탕을 둔 국가, 더 나아가 산업화된 국가 간의 전쟁, 그 다음에는 정보통신 시대의 국가 간의 전쟁으로 발전해 왔다.

농경사회에서 전쟁의 주 영역은 육지와 바다였다. 왕과 통치자는 육군과 해군, 요새와 성채를 건설했으며, 정찰병과 스파이를 보내 그들의 잠재적인 적들이 무엇을 하고 있는지 알아내려고 했다. 만일 이 조직이 제대로 작동하면 보통은 공격을 받기 전에 공격이 임박했다는 조짐을 알아내어 그에 대한 대책을 세울 수 있었다. 그리고 최소한 현대식 대포가 출현하기 전까지는 요새는 안전하다는 인식을 주었다.

농경시대에서 산업혁명시대로 진입하자 전쟁의 형태와 본질에 있어서 역사적인 변화의 두 번째 물결이 일어난다. 18세기와 19세기에 과학과 기술은 점진적으로 발전했다. 산업혁명으로 기계에 의한 대량생산이 이루어지자 근대 국가에 충성하는 대규모 군대의 유지와 무기의 대량생산이 가능해졌다. 새로운 전쟁 도구를 만들고자 기술이 사용되었으며 전쟁은 결과적으로 산업화를 가속화했다.

지난 20세기에는 과학과 기술은 퀀텀점프(quantum jump, 양자도약)를 하여 극적으로 발전했다. 항공기술의 발달과 우주 탐사가 시작되고, 따라서 하늘과 우주가 육지와 바다에 이어 새로운 전쟁 영역이 된다. 이는 피할 수 없는 일로 만일 적이 공군을 가지게 되면 방공 대책을 세우지 않을 경우 육군과 해군은 무용지물이 된다. 이에 따라 군사전략도 진화했다.

퀀텀점프(quantum jump)
물리학 용어로, 양자가 어떤 단계에서 다음 단계로 갈 때 계단의 차이만큼 뛰어오르는 현상을 뜻하는 말. 즉 어떤 일이 연속적으로 조금씩 발전하는 것이 아니라 계단을 뛰어오르듯이 다음 단계로 올라가는 것을 말한다.

전격전(電擊戰, blitzkrieg)
신속한 기동과 기습으로 일거에 적진을 돌파하여 전쟁을 초기에 끝내기 위한 작전. 제2차 세계대전 초기 독일군의 작전에서 유래했다.

가령 적 전선 후방, 인구 밀집지역, 작전결정본부 등을 타격할 수 있다면, 무엇 때문에 방어가 잘된 국경선을 공격하는 데 전력을 낭비하겠는가? 기술과 군사전략의 결합으로 제1차 세계대전의 참호전은 2차 세계대전의 전격전(電擊戰, blitzkrieg)으로 바뀌다.

정보통신 시대와 사이버 전쟁

21세기 정보통신 기술의 큰 발전은 우리 사회에 전례 없는 엄청난 영향을 끼쳐서 우리 삶과 활동의 상당 부분이 정보 인프라에 크게 의존하게 되었다. 항공, 도로, 철도 교통관제 및 전기나 가스 등 에너지 공급과 같은 공공생활의 필수적인 요소, 국방과 같은 핵심 정부기관은 컴퓨터와 네트워크 시스템을 사용하여 구성하고 제어된다.

이러한 상황은 민간부문에서도 크게 다르지 않아, 현대 사회는 실존적으로 사이버 공간에 의존하게 되었다. 따라서 오늘날에는 사이버공간 자체가 전통적인 전쟁에서의 육상, 해상, 항공, 우주에 이은 다섯 번째 새로운 전쟁 영역으로 포함된다.

정보 전쟁은 전자전(電子戰, electronic warfare), 사이버 전쟁(cyber warfare) 및 심리적 작전(psychological operations)을 하나

오늘날에는 사이버 공간 자체가 새로운 전쟁 영역에 포함되고 있다.

의 전투 조직으로 결합하며 모든 전쟁의 중심이 되고 있다. 핵 군비 경쟁이 더 큰 힘 있는 국가들끼리 서로 경쟁하는 것이라면 사이버 무기 경쟁은 현금과 컴퓨터를 가진 거의 모든 사람들에게 열려 있기 때문에 훨씬 더 많은 수의 전투원들을 포함한다.

앨빈 토플러는 "정보전은 빈부 국가 사이의 격차를 없애 준다. 정보전에서 위력을 발휘하는 데는 강대국이어야 할 필요가 없다. 그러한 면이 바로 기술 선진국보다 가난한 나라들이 정보전에 더 빨리 뛰어드는 이유이다"라고 지적했다.

오늘날 고도의 정보통신 기술은 한편으로는 우리의 삶을 보다 편리하고 안락하게 만들어주지만, 다른 한편으로는 사이버 공격에 더욱 취약하게 만든다. 사이버 공격은 첩보전과 사보타주(sabotage)를 비롯한 여러 가지 형태로 나타난다.

사이버 공격의 목표는 수도, 전기, 교통체계와 같은 중요한 국가 기반시설에서부터 한 국가의 정당까지 다양하다. 사이버 공격은 산업 스파이처럼 정보를 훔치는 일에서부터 항공교통 관제나 증권시장을 교란시키는 일까지 총 한발 쏘지 않고도 모든 것을 다 할 수 있다. 피해 규모와 각 국가 및 비정부 네트워크의 기능이 알려지지 않았기 때문에 이러한 공격은 방어와 감지가 어렵다.

사이버 전쟁을 왜 일으키는가?

사이버전을 일으키는 동기와 가상의 적을 분류해 보면 다음과 같다.

1. 국가 정보요원들: 정보수집. 서비스 거부(denial of service)
2. 사이버 전사: 군사적 동기. 서비스 거부
3. 사이버 테러리스트: 정치적 혹은 종교적인 동기
4. 경쟁 기업, 산업 스파이: 경쟁력 있는 정보 찾기, 지적 재산 도둑질
5. 조직범죄, 범죄 요소: 돈을 목적으로 피해자로부터 돈을 갈취하거나 판매하기 위해 사용할 수 있는 정보를 찾음
6. 내부자, 직원: 창피주기, 곤경에 몰아넣기
7. 해커: 주목할 만한 표적을 단지 곤경 속으로 몰아넣는 것에 자

부심, 서비스 거부

그렇다면 탱크나 비행기로 폭격하는 물리적 군사 공격보다 비용도 훨씬 저렴하게 드는 사이버전이 어떤 면에서 더 어려운 상황을 만들고 있는지 살펴보자.

1. 물리적 경계선이 없다

사이버 공간이라 부르는 세계의 네트워크에는 물리적 경계선이 없다. 적이 반드시 국가여야 할 필요도 없으며, 대화방에서 웹으로 연결된 동호인 그룹 정도이다. 사이버 공간과의 연결성이 증가할수록 우리는 적에게 더 많이 노출될 수밖에 없다. 사이버 공격은 기존의 군사 공격을 보완하거나 대체할 수 있으므로 우리가 예상하고 대응해야 하는 취약점을 크게 복잡하게 만들고 확장할 수 있다.

2. 전선(戰線)이 없다

일반적인 전장, 전선이 없으며 위성과 인터넷이 연결된 곳이면 어디든 전쟁터가 될 수 있다.

사이버 전쟁은 전쟁터를 집으로 가져왔다. 경제가 복잡하고 상호연결된 컴퓨터 시스템에 점점 더 의존하게 됨에 따라, 사이버 전사들은 컴퓨터 대란을 일으켜 정전, 주식시장의 혼란, 기차의 충돌 등 어디에서나 사회를 아수라장으로 빠뜨릴 수 있는 잠재력을 갖게 되었다.

3. 물리적 존재가 없다

사이버전에서 해커들은 반드시 시스템을 파괴할 필요는 없고 단지 방해만 하면 되며, 또한 국가나 어떤 조직에 물리적으로 진입하지 않고 단지 시스템에 액세스(access)만 하면 된다. 즉 사이버전을 수행하기 위해서는 큰 군사력 공격 부대가 필요하지 않다. 그리고 사이버전에서는 공격보다 방어가 훨씬 어렵기 때문에 사이버전의 가능성을 제거하는 능력이란 정말로 큰 도전 과제이다.

4. 감지 및 추적의 어려움

공격 모드에서는 잘못된 허위 정보의 흐름이 매우 용이하여, 심지어 가해자들이 누구인지 알지 못할 수도 있다. 이는 정보 전쟁이 추구하는 완벽한 그림이다. 만약 공격이 잘 계획되고 조직화하면 공격의 출처와 책임자를 파악하기가 어려워 은밀한 사보타주 전쟁을 벌이고도 심지어는 보복을 당하지 않고 엄청난 피해를 입힐 수 있다.

5. 조직하기 쉽고 저렴하다

사이버 전쟁을 조직하고 기동시키기 위해서는 인터넷 접속이 가능한 컴퓨터가 2대 이상 필요하지 않다. 해커들은 종종 무료이며 작동하기 쉬운 도구를 사용한다. 예를 들어 암호사전 공격은 일반적으로 패스워드로 많이 사용되는 수천 개의 패스워드를 입력해 하나가 맞을 때까지 계속 시도하는 방식을 말하는데, 인터넷에는 1분 이내에 모든 암호를 알아낼 수 있는 암호사전 도구가 있다.

몇 개의 소프트웨어, 경험, 노하우로 업무를 수행할 수 있기 때문에 사이버전은 돈이 훨씬 적게 든다. 어느 구매자든 불만을 가진 프로그래머를 어디에서나 쉽게 찾을 수 있다. 사이버전에서는 언제나 공격이 방어보다 훨씬 쉬운데, 그 이유는 방어자는 모든 가능한 취약점에 대항하여 보호를 해야 하지만, 공격자는 단지 한 가지만 찾으면 된다. 따라서 디지털 방화벽과 같은 보호 장치는 거의 10만 달러의 비용이 발생한다.

6. 하루 24시간, 주 7일 공격 가능하다

현실 세계에서는 우리는 보통 오전 9시부터 오후 5시까지, 월요일에서 금요일까지만 일하지만 사이버 공간에서는 언제든지 공격을 수행할 수 있어 사이버전에서 해커의 공격을 예측하기가 어렵다.

대표적인 사이버 전쟁

사이버 공격이 실제 전쟁과 결합하여 통신 시스템이 마비된다면 (예를 들어 DDos 공격) 대상 국가는 자신과 시민을 방어하는 능력이 심각하게 손상되리라는 것은 불 보듯 뻔하다. 러시아가 에스토니아(Estonia)와의 전쟁에서 처음으로 정보전(Information Warfare)과 실제 전쟁을 잘 연계하여 성공을 한 후 조지아, 우크라이나와의 전쟁에서도 이러한 전략을 계속 반복했다.

러시아는 정보전에 대한 넓은 의미의 개념을 갖고 있다. 여기에는 정보, 방첩, 기만, 허위정보, 전자전(electronic warfare), 정보통신의 무력화, 내비게이션 지원 성능 저하, 심리전, 선동과 정보시스템의 저하 등이 포함된다. 컴퓨터는 전쟁시에도 평화시에도 하루 24시간, 일주일 내내 작동하는 정보전의 많은 도구들 중 하나이다.

러시아-조지아 전쟁은 전통적 전쟁 영역(육지, 하늘, 바다, 우주로 구성된)과 동기화되어 역사상 최초의 사이버 영역의 공격이 있었던 하이브리드 전쟁이다.

1. 러시아-조지아 하이브리드 전쟁

조지아는 1936년 소비에트 연방의 하나인 그루지야 소비에트 사회주의 공화국으로 있다가 1991년 4월 9일 독립했다. 독립 후 조지아 정부는 러시아어 표현인 그루지야 대신 영어 조지아로 국명을 표기해 줄 것을 요청한다. 현재 조지아의 영역 안에는 친러 성향의 압

조지아의 친러 성향 지역인 남오세티아와 압하지야는 2008년 조지아로부터 분리 독립했다.

하지야(Abkhazia)와 남오세티야(South Ossetia)가 포함되어 있다. 2008년 8월 7일, 조지아에서 분리, 독립하려는 친러 성향의 남오세티아 지역을 조지아 군이 공격하자 러시아가 전투기와 탱크, 지상군을 투입해 공격하면서 군사 분쟁이 발생했다.

그런데 러시아가 침공하기 3주 전부터 조지아는 일련의 다각적인 사이버 공격(사회 기반시설, 대통령과 정부 웹사이트 등)을 당하기 시작했다. 공격 방식에는 웹사이트의 훼손, 웹 기반 심리전, 치열한 선동 캠페인 및 물론 DDoS(Distributed Denial of Service, 분산 서비스 거부)가 포함된다.

전쟁이 시작되던 날 stopgeorgia.ru 등과 같은 친 러시아 웹사이트에는 DDoS 공격에 필요한 소프트웨어, 사용 방법, 공격할 사이트 목록, 심지어 사후 보고서까지 올라와 있었다. 따라서 조지아에 대한 사이버 공격은 누구나 인터넷에 연결되어 있기만 하면 어디에서든지 단순히 공격할 주소를 쓰고 'Start Flood'라고 표시된 버튼만 누르면 DDoS 공격에 참여할 수 있었다.

그 결과 통신, 금융, 정부와 관련된 54개의 웹사이트가 작동을 멈췄으며, 조지아 정부는 인터넷을 사용해 세계와 소통할 수 없었다. 러시아 탱크와 군대가 국경을 넘고 폭격기들이 출격했지만 조지아 시민들은 정보와 행동 지침을 구하기 위해 정부 웹사이트에 접속할 수 없었다.

2008년 8월 12일, 전쟁 시작 닷새 만에 러시아는 조지아의 항복

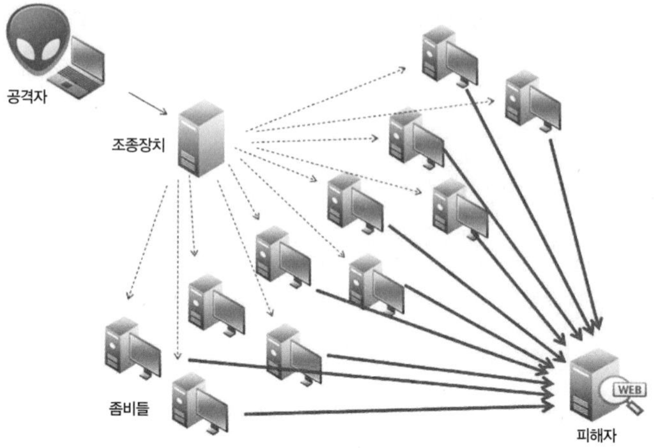

DDoS(분산서비스 거부) 공격도

을 받고 프랑스의 중재안을 받아들여 공격을 종료했으며 남오세티야-압하지야는 조지아로부터 분리 독립했다.

2. 이스라엘의 시리아 핵시설에 대한 오차드 작전

오차드 작전(Operation Orchard)은 2007년 9월 6일 자정(현지 시간), 이스라엘 공군이 시리아의 데이르 에조르(Deir ez-Zor) 지역에 건설하고 있는 핵시설을 공습하여 파괴한 군사작전이다. 이 공격으로 이스라엘은 전자전(electronic warfare)의 개척자로서 능력을 입증했다. 즉 이스라엘 공군 전자전 시스템이 시리아의 대공시스템을 장악하여 가짜 하늘 화면을 보여주고 있는 동안 이스라엘 전투기는 시리아까지 날아가 목표물을 폭파하고 다시 무사히 귀환할 수 있었다.

2007년 시리아의 핵시설을 폭파하기 전, 이스라엘의 모사드 정보국 요원이 시리아 원자력위원회 위원장 이브라힘 오스만(Ibrahim Othman)의 컴퓨터를 해킹했다. 2006년 12월, 그가 런던 켄싱턴의 한 호텔에 가명으로 머물다 잠깐 호텔 밖으로 쇼핑하러 나간 사이 이스라엘 정보국 요원이 잠입하여 그의 노트북에 트로이목마를 설치하고 하드드라이브에서 자료들을 복사한 것이다. 그 중에는 알키바(Al Kibar) 핵시설의 설계도와 각 건설 단계를 보여주는 수백 장의 사진들이 들어 있었다. 그 중에는 북한이 시리아인들을 위하여 플루토늄 원자로를 건설하고 있다는 이스라엘의 의혹을 입증하는 사진도 있었다. 공습 2개월 전, 이스라엘은 Ofek-7 정찰 위성을 우주로 발사했으며 그 인공위성은 핵시설 내의 활동을 잘 감시할 수 있는 궤도에 배치되었다.

이스라엘의 공습이 있던 때 시리아는 강력한 방공망을 갖추고 있었다. 시리아는 전자 방해 전파로부터 영향을 받지 않는 최첨단 러시아제 레이더망 판치르 S1(Pantsir-S1)을 보유했고, 직전에는 이동식 지대공 미사일을 실전 배치해 중요 시설들을 보호하고 있었다. 더구나 이스라엘 공격기들은 레이더에 탐지되지 않는 스텔스 폭격기들이 아닌데도 시리아 방공망은 작동하지 않았다. 왜 그랬을까? 당연히 의문이 들 수밖에 없다. 이스라엘 공격기들은 공격 기간 동안 시리아의 레이더망을 속이는 전자파 공격을 이용하여 레이더 기지를 무용지물로 만든 것이다.

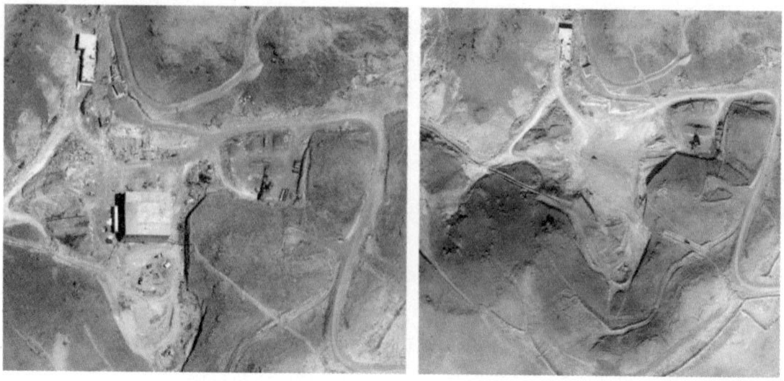

왼쪽은 시리아의 폭격 전 핵시설. 그리고 오른쪽은 폭격 후 사진

분석에 따르면 방공망 침투에는 원거리 공대지(空對地) 전자파 공격과 컴퓨터들 간의 연결망 침투가 동원되었다. 고도의 기술을 사용하면 통신망에 침투할 수도 있고, 적의 감지장치가 무엇을 보는지, 심지어는 방공망 관리를 가로채서 접근하는 공습기를 보이지 않도록 조작할 수 있다. 이 과정은 적군의 발신기 위치를 정밀하게 포착하고 가짜 목표와 엉터리 메시지 및 알고리즘을 발신기에 보내 여러 가지 교란활동을 하는 것을 포함한다. 간단히 요약하자면, 이스라엘은 시그널을 가로채거나 막았을 뿐만이 아니라 적군의 방공망에 자신들의 가짜 시그널을 끼워 넣었다. 이것이 바로 이스라엘 전투기가 러시아제 대공 레이더에 탐지되지 않은 채 시리아 영공을 제집처럼 드나들 수 있게 해준 것이다. 적기가 근접해 오는 동안 빈 하늘만 보여주고 있는 레이더 스크린을 상상해 보라!

이스라엘 조종사는 12월 7일 오전 12시 40분~53분 사이에 컴퓨터 생성 코드 단어인 '애리조나'라고 말했다 이는 17톤의 폭탄이 목표물에 정확히 떨어졌다는 암호이다. 핵시설의 존재 자체를 부인해 왔던 시리아 대통령은 보복 폭격을 감행할 수도 없고, 비난조차 못한 채 입을 다물고 있어야 했고, 이스라엘은 모든 것을 부인하는 것으로 시리아 대통령을 도와주었다.

3. 스턱스넷과 이란의 나탄즈 핵시설

세계 최초의 디지털 무기인 스턱스넷(stuxnet)은 공상과학 소설에나 등장할 법한 무기이다. 2010년에 발견된 스턱스넷은 정교한 500킬로바이트의 컴퓨터 악성프로그램 웜(worm)으로, 나탄즈(Natanz)에 있는 이란의 핵 시설에 큰 혼란을 야기하기 위해 미국과 이스라엘 정부에 의해서 개발되었다. 알렉스 기브니(Alex Gibney) 감독의 다큐멘터리 영화 '제로 데이즈(Zero Days, 2016)'가 바로 스턱스넷에 관한 이야기다.

이 웜은 스턱스넷에 감염된 USB 저장장치를 지멘스 사 직원이 회사 컴퓨터에 연결하여 침투한 것으로 추정되는데, 마이크로소프트 윈도우를 통해 지멘스 사의 소프트웨어 및 장비를 공격한다. 스턱스넷은 지멘스의 SCADA(Supervisory Control and Data Acquisition) 시스템만을 감염시켜 장비를 제어하고 감시하는 특수한 코드를 내부에 담고 있는 신종 웜 바이러스로 스턱스넷으로 시작하는 이름의 파일이 많아 붙여진 이름이다.

이 웜 바이러스는 이미 나탄즈 플랜트에서 조용히 1년 동안 원심

이란의 우라늄 농축 공장

캐스케이드(cascade)

동위원소 분리를 할 때 단 한 번만 하는 것을 단일 과정이라고 하고, 단일 과정만으로 충분히 분리할 수 없어 몇 회~몇 천 회 반복할 필요가 있다. 분리 과정을 연속적으로 배열시킨 것을 이용하는데 이 경우의 개개의 분리 단위를 요소라고 하고, 요소를 연결한 배열을 캐스케이드라고 한다.

분리기를 방해하는 작업을하고 있었는데, 원심분리기는 캐스케이드(cascade)라는 형태로 배열되어 파이프로 연결된 큰 원통형 튜브이다. 원자력 발전소 및 핵무기에 사용되는 기체 우라늄-235(자연에 0.7% 존재한다) 동위원소를 원심분리기가 초음속으로 회전하여 기체 우라늄-238(99.3%)로부터 분리한다.

스턱스넷 공격 당시 나탄즈에는 각 캐스케이드 당 164개의 원심분리기가 연결되어 있었다. 우라늄 가스는 파이프를 통해 여러 단계를 거쳐 원심분리기로 흐르고, 캐스케이드의 각 단계를 거칠 때마다 핵반응에 필요한 동위원소(U-235)가 다른 동위 원소(U-238)와 분리되어 더욱 더 농축된다.

공격 무기의 초기 버전은 내부의 압력을 높이도록 원심 분리기의 농축 과정뿐만 아니라 원심분리기 속도를 조작했다. 그런데 이 웜 바이러스의 진짜 속임수는 기계를 사보타주하면서 겉으로는 모든 것이 정상 범위에서 작동하는 것처럼 보이도록 조작하는 것이다. 2010년 핵시설의 컴퓨터 시스템에 문제가 있다는 첫 번째 정황이 발견되었다.

국제원자력에너지기구(IAEA)의 조사관들이 나탄즈 시설을 방문했는데, 우라늄 농축 원심분리기들의 일부가 파손되어 있음을 발견했다. 당시에는 원인이 밝혀지지 않았지만 2010년 말 이란 기술자들은 벨라루스(Belarus)의 컴퓨터 보안 전문가들을 불러 컴퓨터 시스템을 조사하도록 했다.

이 보안회사는 이란 컴퓨터 시스템에 숨어 있는 여러 개의 악성파일을 찾아내는 데 몇 개월이 걸렸고 이 파일들이 바로 스턱스넷 웜(stuxnet worm)으로 판명되었다. 그리고 이들은 스턱스넷 웜이 실제로 무언가를 물리적으로 파괴할 수 있는 최초의 멀웨어(malware)라는 사실에 경악했다. 이란은 공격에 대해 자세한 내용과 영향에 대해 함구했지만 이 웜 바이러스는 이란의 우라늄 농축 원심분리기 984개를 파괴한 것으로 추정된다. 이는 우라늄 농축 효율의 30%를

멀웨어(malware)
악성 소프트웨어(malicious software)의 줄임말

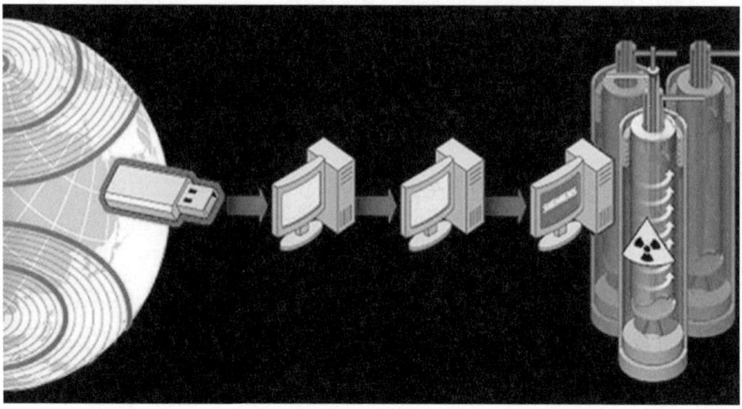

외부에서 원심분리기 회전 속도를 조절하는 컴퓨터에 스턱스넷 악성코드가 침투하여
원심분리기 회전속도를 변경하여 이를 파괴함으로써 우라늄 농축 프로그램을 교란한 과정을 보여주는 그림

감소시킨 것에 해당되어 이란의 핵무기 개발이 적어도 수년간 지연되었다.

스턱스넷이 판도라의 상자를 열자 이후 이와 유사한 웜 바이러스가 나타나는데, 그 중 유명한 것이 2015년 소련이 우크라이나를 침공할 때 사용한 '블랙 에너지(BlackEnergy)'라는 멀웨어 프로그램이다. 2015년 12월, 이 프로그램은 우크라이나의 변전소를 30개 폐쇄시켜 대규모 정전 사태로 수십만 명의 우크라이나인들이 추위 속에서 떨게 했다.

그러나 최첨단 기술보다 더 중요한 것은 결국 사람이다. 전쟁을 수행하는 데는 과학과 기술 둘 다 필요하다. 그러나 무엇보다 중요한 것은 훌륭한 리더십, 우수한 병사, 단결된 부대 및 일사불란한 조직이 절대적으로 필요하며, 바로 이런 것들이 이스라엘이 적대적인 중동국가들 속에 둘러싸여서도 건재한 이유라고 할 수 있지 않을까?

17

사이버 공간에서 변화하는 전쟁의 다양한 얼굴들

지피지기 백전불태(知彼知己 百戰不殆), 부지피이지기 일승일부(不知彼而知己 一勝一負), 부지피부지기 매전필태(不知彼不知己 每戰必殆).
(상대방을 알고 자기를 알면, 백번을 싸운다 해도 위태롭지 않다. 상대방을 알지 못하고 자신만 알면, 한번 이기고 한번은 지게 되며, 적도 모르고 나도 모르면 싸움마다 반드시 위태롭다.)

병자 궤도야(兵者 詭道也). 고능이시지불능 용이시지불용(故能而示之不能 用而示之不用), 근이시지원 원이시지근(近而示之遠 遠而示之近).
(병법이란 속이는 것이다. 능력이 있으면서도 능력이 없는 것처럼 보이고 병법을 쓰되 쓰지 않는 것처럼 보이고, 우리가 가까이 있을 때 적에게 멀리 있다고 믿게 하고, 멀리 있을 때 가까이 있다고 믿게 해야 한다.)

〈손자병법〉에 나오는 구절이다. 2500년 전에 쓰인 손자병법은 동

트로이목마

서양을 막론하고 가장 영향력 있는 병서(兵書) 중 하나로 인정받고 있는데, 전통적 전쟁뿐 아니라 현대의 사이버전에도 적합한 전략과 전술에 관한 지식을 제공해 준다. 또한 손자병법은 전쟁터 같은 삶을 사는 현대인들에게 인생의 지침서로, 좀 더 넓게는 외교, 국방, 경제, 심리전 등에도 최고의 전략서로 꼽히고 있다.

〈손자병법〉의 핵심 원칙 중 하나는 적이 가장 취약한 곳을 타격하는 것으로 이는 사이버 공간에 매우 효과적이다. 대표적인 예를 들어본다.

냉전이 한창이던 1982년 6월 미국의 조기경보위성이 시베리아에서 큰 폭발을 감지한다. 토머스 리드(Thomas C. Reed) 전 공군 장관의 회고록에 따르면, 소련이 캐나다의 한 회사로부터 얻은 가스관 제어 소프트웨어에 미국은 트로이목마를 심었다.

파이프라인 소프트웨어는 펌프, 터빈과 밸브를 구동하는 프로그램이다. 여기에 숨겨진 '논리폭탄(logic bomb)'은 펌프 속도와 밸브 설정을 재설정하여 파이프라인 조인트와 용접부가 허용하는 압력을 훨씬 초과하도록 프로그램되었다. 그 결과는 우주에서 본 것 중 가장 기념비적인 비핵폭발과 화재로 논리폭탄의 위력을 역사상 최초로 보여준 하나의 예가 되었다.

요즈음 같은 디지털시대에는 과거처럼 군대나 함대를 동원하는 대신 마우스나 키보드를 이용해 컴퓨터로 사이버 공간에서 전쟁을 치르는 경우가 빈번해지고 있다. 적의 군사시설을 직접 공격하지 않고 컴퓨터를 이용하여 군사 정보망을 비롯해 교통, 통신, 금융 등의 통신망을 파괴하는 전투방식이다.

우선 전쟁의 영역이 인류 역사 이래 과학과 기술의 발전에 따라 어떻게 확장됐는지 그 역사적 배경을 살펴보기로 한다.

전쟁의 5가지 영역

전쟁은 수천 년 동안 육상에서 일어났는데, 기원전 1210년 히타이트 왕(Hittiti) 수필률리우마 2세(Suppiluliuma II)가 키프로스

남북전쟁 당시 적을 정찰하기 위한 열기구

(Cypriot) 함대를 격파한 것이 역사에 기록된 최초의 해상 전투이다. 육상과 해상의 두 영역에서 전투가 벌어지게 되면서 전쟁은 복잡성과 혼란이 배가되었다. 육군력과 해군력의 원천이 상당히 오랜 기간 군사 역사 자체의 기원이라고 할 수 있었다.

19세기 들어 미국의 남북전쟁(1861~1865) 동안 북군을 위한 항공부대, 정확히는 열기구(Baloon Corps) 부대가 창설되어 남부군을 공중 정찰한다.

그러나 공중 영역이 수송, 물류 및 전쟁에 실제로 이용될 가능성을 제대로 보인 것은 라이트 형제가 세계 최초로 모터로 작동하는 비행기를 발명하면서부터이다. 참호전이던 제1차 세계대전 동안 참호 속의 적의 동태를 알아내는 정보수집 수단으로서 영국군의 BE2

제1차 세계대전 때 영국군의 복엽비행기

와 같은 복엽비행기가 등장함으로써 공중은 세 번째로 전쟁에서 경쟁할 수 있는 작전영역이 되었다.

소련은 1957년 10월 4일 공중의 경계를 넓히며 타원형의 지구 저궤도로 최초의 인공위성 스푸트니크(Sputnik)를 발사하는데 성공함으로써 공중의 개념을 확대하여 우주는 인간 정복의 새로운 대상이 되었다. 현재 과학적인 목적뿐만 아니라 군사 및 민간 응용 분야(예를 들어 영상과 통신)를 위한 2666개의 위성들이 지구를 돌고 있다. 특히 군사 목적의 전략정보 수집 및 감시용 정찰위성은 넓은 작전 범위에서 교전하는 전장 지휘관들에게 귀중한 상황 인식을 제공하기 때문에 우주는 네 번째 전쟁영역으로 포함되었다.

1988년 로버트 모리스(Robert Morris)는 초창기 인터넷에 유닉스

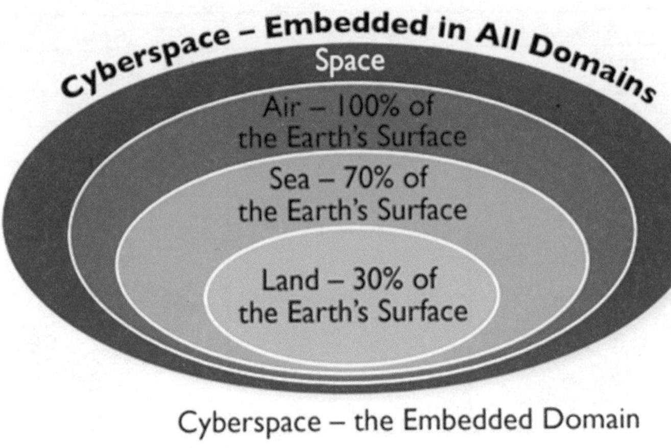

전쟁의 5도메인(육 · 해 · 공 · 우주 · 사이버)

(UNIX) 운영체제의 취약점을 악용해 세계 최초 악성코드로 알려진 모리스 웜(Morris Worm)을 심어놓아 인터넷에 연결된 6천 대 이상의 컴퓨터 시스템들을 사용 불가 상태로 만들었다. 이 사이버 보안 사고 이후 다양한 목적과 더욱 정교해진 방법을 통해 사이버 공격이 지속되자 2016년 NATO가 전통적인 전쟁에서의 육상, 해상, 공중, 우주에 이은 다섯 번째 새로운 전쟁 도메인으로 사이버 공간을 선언했다.

그런데 처음 네 개의 도메인(육상, 해상, 공중, 우주)은 각각 자연계에 있으며 물질적이고 인간이 통제할 수 있는 범위 밖에 있지만 사이버 공간과는 다른 방식으로 이에 적응하고 있다. 한편 사이버 공간은 근본적으로 인간이 만든 도메인이지만 케이블, 데이터 센터, 트랜지스터의 하드웨어, 인터페이스 등 물리적 세계로 다시 이어지는 연결

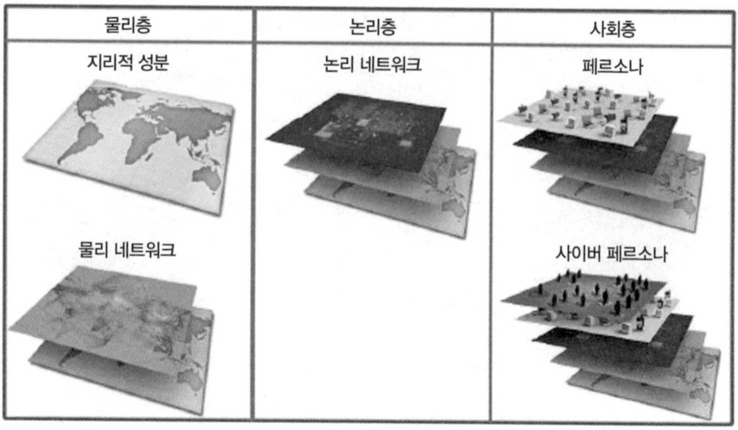

사이버 공간을 구성하는 3계층

고리를 가지고 있고, 또한 사이버 공간 구조는 경제, 정치, 군대, 심리학적 정보를 포함한다.

사이버 공간은 3계층(물리, 논리, 사회)으로 구성되어 있고 5개의 성분(지리적 성분, 물리 네트워크, 논리 네트워크, 페르소나, 사이버 페르소나)으로 이루어졌다.

물리층: 지리적 요소와 물리 네트워크의 요소로 구성되어 있다. 지리적 요소는 네트워크 구성 요소의 지리적 정보를 제공하며, 물리적 요소는 정보통신 기술의 모든 하드웨어와 인프라를 포괄한다.

논리층: 논리적 계층은 네트워크 요소, 애플리케이션 및 인프라 사이의 논리적(기술적) 정보를 포함하는 요소로 구성된다. 논리적 네트

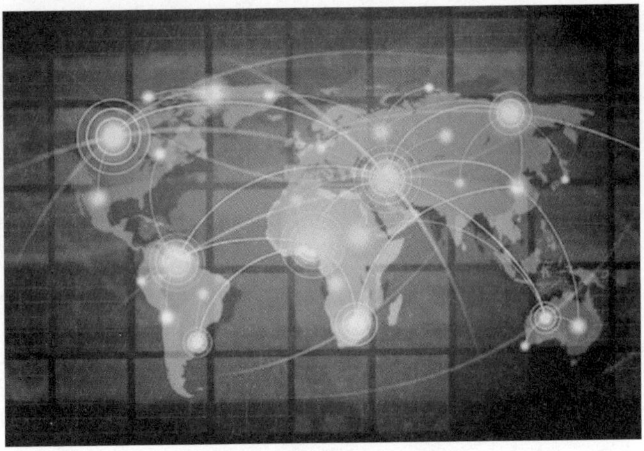
사이버전은 가상의 공간에서 전개된다.

워크 구성요소는 물리층과 사회층 사이의 연결을 제공한다.

사회층: 사회층은 인간과 인지적 측면으로 구성되며 사이버 페르소나(cyber persona)와 페르소나로 이루어졌다. 사이버 페르소나는 네트워크상의 개인 식별이나 페르소나(전자우편 주소, 컴퓨터 IP 주소, 휴대전화 번호 등)가 포함된다. 한편 페르소나 요소는 네트워크에 실제로 있는 사람들로 구성된다. 개인이 여러 개의 사이버 페르소나(예를 들어 서로 다른 컴퓨터의 서로 다른 전자 메일 계정)를 가질 수 있으며, 하나의 사이버 페르소나는 여러 명의 사용자를 가질 수 있다.

한편 사이버 공간에서 일어나는 사이버전은 사전적 정의에 따르면 국가가 컴퓨터 네트워크를 통해 디지털화된 정보가 유통되는 가상의 공간에서 다양한 사이버 공격 수단을 이용하여 적의 정보체계를 교란, 거부, 통제, 파괴하는 등의 공격 및 이를 방어하는 활동을 말한다. 전통적 무기와 방법을 통해 이뤄지는 '키네틱 워(kinetic warfare)'와 정확히 대척점에 있다.

사이버 공격은 스파이 활동 및 사보타주를 포함하여 다양한 형태를 취하는데, 가성비가 최고이다. 더욱 중요한 것은 공격자의 신원을 밝히기가 매우 어려우며 밝힌다 해도 상당한 시간이 걸린다. 설령 피해자가 증거를 가지고 있더라도 공개할 수가 없어 공격자가 매우 유리해지는 전쟁이고 더구나 밝혀져도 특정 국가랑 연관시키기가 어려워 군사적 제재를 가할 수도 없다.

그렇다면 이러한 사이버전을 가능하게 한 현대 인터넷 시대의 고조할아버지쯤 되는 전신기의 발명이 어떻게 19세기의 전쟁에 영향을 주었는지 그 역사적 배경을 살펴본다.

전신의 역사적 배경: 빅토리아 시대의 인터넷

사이버 혁명의 씨앗은 컴퓨터 기술의 발전 훨씬 이전에 뿌려졌다. 소위 빅토리아 시대 인터넷이라 할 수 있는 전신(telegraph)은 21세기의 사이버 전쟁과 마찬가지로 19세기 군사 분야에서 혁명에 가까운 것이었다.

새뮤얼 모스와 전신기

1837년 새뮤얼 모스(Samuel Morse)는 전신기를 발명하고 후에 모스부호를 고안했는데, 그가 보낸 첫 번째 전신문은 "하느님이 무엇을 만드셨는가!(What Hath God Wrought!)"였다.

1838년 시드니 모스(Sydney Morse)는 동생 새뮤얼 모스에게 전신기 발명을 축하하는 편지를 쓰면서 "이 시대의 가장 위대한 발명일 뿐만 아니라, 모든 시대의 가장 위대한 발명품"이라고 불렀다. 그는 "지구의 표면은 전선으로 연결될 것이며, 모든 전선은 신경이 될 것이다. 지구는 천만 명의 손을 가진 거대한 동물이 될 것이며, 모든 손에는 지휘하는 영혼이 지시하는 모든 것을 기록하기 위한 펜이 있을 것이다"라고 예언했다 전신은 즉각적인 장거리 통신을 가능하게 하여 중요한 새로운 전쟁의 도구가 되었다. 크림 전쟁(1853~1856)이 시작되면서 한때 해상으로 몇 주를 여행하며 전달된 일반적인 지시사항이 런던에서 러시아로 케이블을 통해 미세한 것까지 챙기는 전투 명령이 된다.

1858년 북미와 유럽 사이에 첫 번째 대서양 횡단 케이블이 설치되었다. 축하의 답례로 제임스 뷰캐넌(James Buchanan) 대통령은 빅토리아 여왕에게 전보가 "동족 국가 간의 영원한 평화와 우정의 끈이 될 것이며 종교, 문명, 자유 그리고 법을 전 세계에 확산시키기 위해 고안된 도구가 될 것"이라고 말했다. 그 시절 전신은 현재의 많은 IT 인프라를 형성하는 데 도움을 주었다.

미국 남북전쟁 당시(1861~1865) 남군과 북군은 서로 우위를 점하

남북 전쟁 당시 전신마차

기 위해 순전히 군사 목적으로 약 1만 5000마일의 전신 케이블을 설치했으며, 1861년 미국 전신부대(U.S. Military Telegraph Corp)가 결성된다. 이동식 군용 전신마차는 최전선에서 링컨 대통령의 육군성 전신국까지 메시지를 주고받았다.

상업과 제조업이 기반인 북부와는 달리, 농업 기반인 남부는 산업화가 뒤떨어졌다. 그로 인해 전신 서비스를 유지하기 위한 자재와 숙련된 인력이 부족했고, 전쟁 동안 남부의 전신 서비스는 곧 황폐해졌다.

한편 링컨은 '번개 메시지'라고 부르는 새로운 기술에 너무 매료되어 주요 전투 중에도 때때로 백악관 뒤에 있는 전신국 간이침대에서 잠을 잤다. 전신은 대통령에게 거의 실시간으로 장군들을 지휘하고 군대의 이동을 지휘함으로써 대통령이 진정한 군의 통수권자로서 해야 할 역할을 수행할 수 있도록 했다. 역사상 최초로 국가 지도자가 그의 군 장교들과 가상의 전투 전선에서 대화를 나눌 수 있었으며, 전신은 링컨이 남북전쟁에서 승리하는 데 큰 몫을 했다.

전보는 또한 전쟁에 대한 대중의 경험을 재구성했다. 한 기자는 "3천 마일 떨어진 곳에서 전투가 벌어지는데, 부상자들을 병원으로 이송하는 동안 우리는 이미 세부 사항을 알고 있다"라고 감탄했다. 전 세계 시민들은 한때 군주나 장관들의 독점적 영역이었던 '뉴스'를 접하게 되었으며 갑자기 세계가 작아졌다. 비록 전신은 이후 훨씬 편리한 전화, 팩스, 인터넷 등으로 대체되었지만 전신의 발명은 세계사의 전환점이 된다.

하이브리드 전쟁과 사례

군사적 전면전이 드물게 행해지는 현대 사회에서는 시간이 흐를수록 군사적 충돌보다는 비군사적, 비전통적 개념의 위협이나 전쟁의 중요도가 커지고 있다. 하이브리드 전쟁은 특정 목표(예를 들어 국가 불안정화)를 달성하기 위해 표적 국가의 취약성을 표적으로 삼는다.

재래식 전쟁(군대 및 화력) 외에 비정규 전술(시위, 반란, 반국가 행위), 테러, 범죄 행위(무기, 마약 및 밀수, 국내 폭력조직의 이용 등), 정치적 수단(외교), 경제적 수단(경제 제재 및 파괴), 정보 수단 (프로파간다, 가짜 뉴스, 정보의 유출 및 기타 정보 작업), 사회적 수단(국내 인구 및 심리적 작업) 등을 모두 동원한다.

현재 소셜 미디어에 의해 지각 변화가 일어나고 있다. 오늘날 인터넷 사용자들이 전 세계적으로 45억 7천만 명쯤 되는데, 시드니 모스가 대담하게 예측한 '1천 만 명의 손'은 엄청 겸손한 예측이었다. 매일 약 5억 개의 트윗이 전송되며, 1초당 7시간의 영상이 76개의 언어로 유튜브에 업로드된다. 26억 개의 활성 계정을 가진 페이스북은 세계에서 가장 큰 플랫폼이다. 많은 트위터와 페이스북 사용자들이 이제 이러한 플랫폼에서 뉴스를 얻는다. 홍수처럼 넘쳐나는 SNS 등 미디어를 이용한 고도의 심리전은 뚜렷하게 공격이라고 인지하지 못하는 가운데 심각한 타격을 받을 수 있는 위험 요소가 되었다.

사이버 공격, 가짜 뉴스, 대규모 선거자금 지원 및 기술 발전은 전 세계의 '자유' 선거에 대한 공격 수단이 되어 민주주의를 위협하는 무기로 활용되고 있다. 이에 따라 유권자들이 객관적 진실과 가짜 뉴스를 구별하기가 점점 더 어려워지고 있다. 강대국은 군대와 무장 병력으로 다른 나라를 침략하는 대신, 자유 선거의 아킬레스건인 기술력, 사이버 전쟁, 현금을 사용해 다른 나라의 선거에 개입하여 자신들이 선호하는 정권을 세우려고 시도하고 있다.

하이브리드 전쟁 (hybrid war)의 몇 가지 사례를 살펴보기로 한다.

1) 에스토니아 사태

에스토니아 사태는 에스토니아 당국이 소련군 동상을 수도 탈린에서 눈에 안 띄는 위치로 옮기기로 하면서 시작되었다. 제2차 세계대전 당시의 소련 군복을 입은 청동상은 고개를 숙이고 한 주먹은 꽉 쥔 채 탈린의 외곽에 있는 공동묘지 조용한 구석에 엄숙하게 서 있다.

그러나 2007년 4월 이 동상을 둘러싼 분쟁은 전국에서 최초로 알려진 사이버 공격을 촉발시켰다. 1947년 소련 당국에 의해 건립된

에스토니아 수도 탈린의 군 묘지에 있는 소련군 청동상

청동 병사는 원래 '탈린 해방자 기념비'라고 불렸는데, 에스토니아의 러시아어 사용자들한테는 나치즘에 대한 소련의 승리를 상징한다. 그러나 에스토니아 민족에게는 소련군은 해방자가 아니라 점령자로 간주되며 청동 군인은 반세기 동안 소련 탄압의 뼈아픈 상징이었다.

2007년에 에스토니아 정부는 소련군 청동상을 탈린 중심부에서 도시 외곽에 있는 군 묘지로 옮기기로 했다. 이 결정은 러시아어 매체들의 분노를 불러일으켰고 러시아어 사용자는 거리로 나섰다. 게다가 동상과 인근 소련군 전사자 묘지가 파괴되고 있다고 주장하는 가짜 러시아 뉴스 보도로 인해 시위는 더욱 악화되었다.

2007년 4월 26일 탈린은 이틀 밤의 폭동과 약탈로 폭발한다. 4월 27일부터 에스토니아는 대규모 사이버 공격을 받았는데, 어떤 경

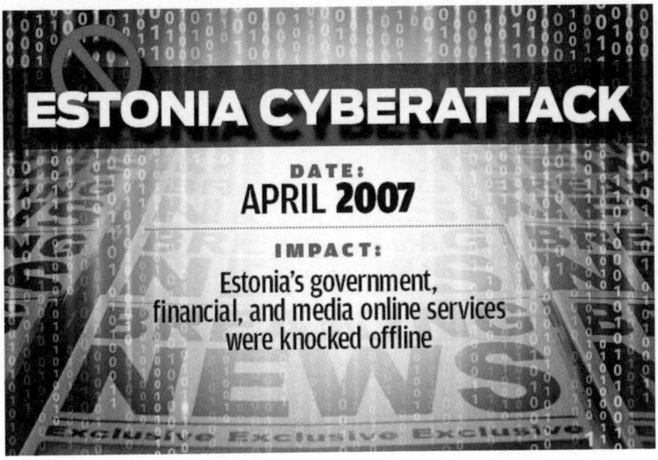

2007년 4월 26일 러시아에 의한 에스토니아 사이버 공격

우에는 몇 주 동안 지속되었다. 에스토니아의 은행, 언론사, 정부 기관의 온라인 서비스는 전례 없는 수준의 인터넷 통신량에 의해 중단된다. 봇넷(botnet)에 의해 대량의 스팸메일이 발송되었고, 엄청난 양의 자동화된 온라인 요청으로 서버가 마비되었다.

그 결과 현금지급기와 온라인 뱅킹 서비스가 산발적으로 작동하지 않았고, 공무원들은 이메일로 서로 의사소통을 할 수 없었으며, 신문과 방송사들은 갑자기 뉴스를 전달할 수 없게 되었다.

2007년 공격은 러시아 IP 주소에서 나왔고, 온라인 지침은 러시아어로 되어 있었으며, 에스토니아인이 모스크바에 도움을 청하는 것은 무시되었다. 그러나 이러한 공격이 실제로 러시아 정부에 의해 수행되었다는 구체적인 증거가 없어 책임자를 가려내기도 어려워 보복을 어렵게 만든다. 국가가 민족이나 이념으로 분열되어 있으면 얼마나 쉽게 선동과 가짜 뉴스로 국가가 혼돈상태에 빠질 수 있는지 알려주는 좋은 사례라 할 수 있겠다.

2) 사이버전을 이용해 어떻게 다른 나라의 선거에 개입하는가?

많은 나라들이 은밀히 또는 노골적으로 국익에 도움이 된다고 생각하는 인물이 선거에 당선되도록 다른 나라의 선거에 영향을 미치려고 시도하고 있다. 다른 나라의 정권 교체를 이루는 많은 방법 가운데 선거 개입은 그러한 방법의 하나일 뿐이다. 최근 미국, 독일, 우크라이나, 터키, 몬테네그로, 프랑스, 영국, 네덜란드 등 최소 8개 이상의 국가기관이나 정당에 사이버 공격을 가한 배후로 러시아가 의혹을 받고 있다.

한동안 전 세계 뉴스미디어의 헤드라인을 장식했던 이메일 스캔들의 주인공인 힐러리 클린턴은 2016년 미국 대선에서 트럼프에게 아깝게 진 원인 중 하나로 상당수의 날조된 가짜 뉴스를 꼽았고 그 배후에 러시아가 개입돼 있다고 말한다. 그런데 힐러리 클린턴은 국무장관 시절인 2011년과 2012년 러시아 선거에서 반체제 인사들을 지지하고 격려했다. 이에 블라디미르 푸틴은 매우 격분했고, 2016년 미국 대선에서 힐러리 이메일이 유출된 것은 푸틴의 직접적인 보복이라는 추측이 나올 정도였다.

그러나 (많은 러시아인이 알고 있지만) 미국인은 거의 알지 못하는 점은 러시아가 2016년 미국 대통령 선거에 개입하기 20년 전 미국이 러시아 대통령 선거에 개입했다는 사실이다. 1996년 빌 클린턴 대통령이 소련의 공산주의 해체와 동유럽 전역의 자본주의 회복에 관여했던 보리스 옐친(Boris Yeltsin) 러시아 대통령의 재선을 보장하기 위해 직접 대규모 캠페인을 지휘하면서 일어났다.

옐친이 1996년 연임에 출마한다고 발표했을 무렵, 그의 지지율은 6%로 사상 최저로 낮았다. 이는 러시아 경제의 재앙에 가까운 민영화, GDP의 50% 감소, 초인플레이션, 통제 불능의 부패, 강력 범죄 증가, 의료 서비스 급감과 처음으로 기대수명 감소, 식량과 연료 부족, 그리고 임금과 연금 미지급의 결과였다. 그래서 클린턴 행정부는 행동에 나선다.

빌 클린턴은 국제통화기금(IMF)에 로비를 벌여 러시아에 100억 달러를 대출해 주도록 했고, 옐친은 그 돈의 일부를 유권자들의 지지를 얻는 데 살포했다. 또한 아칸소(Arkansas)에서 클린턴의 선거운동 베테랑인 리처드 드레스너(Richard Dresner)를 포함한 세 명의 미국 정치 컨설턴트가 옐친의 재선을 위해 참여했다. 드레스너는 옐친 선거운동의 내부 여론조사를 매주 백악관에 보냈다. 클린턴은 4월에 러시아를 방문하기 전, 옐친의 선거운동을 돕기 위해 모스크바에서 무슨 말을 해야 하는지를 드레스너에게 물을 정도였다.

러시아 대선 직전 빌 클린턴 대통령의 러시아 방문

놀랍게도 이 모든 것이 효과가 있었는지 여론조사에서 꼴찌에서 시작한 옐친은 선거에서 경쟁자를 13%포인트 차로 따돌리고 연임에 성공했다. 소련에서 경제협력개발기구(OECD)의 선거참관국(Observer) 팀을 이끌었던 영국인 마이클 메도우크로프트(Michael Meadowcroft)는 나중에 부정선거가 만연했지만 이를 폭로하지 말라는 압력을 받아왔다고 주장한다.

한국도 예외가 아니어서 북한과 중국의 하이브리드 전쟁의 주 표적이 되고 있다. 북한과 중국은 해킹에, 가짜 뉴스 살포에, 프로파간다 그리고 두루킹 같은 대규모 댓글 사이버전을 시도 때도 없이 전개하고 있다. 사드 배치를 놓고 중국이 가한 경제 보복도 다름 아닌 하이브리드 전쟁의 일환이다.

부정 선거를 규탄하는 키르기스스탄의 대규모 시위

한편 한국은 2013년 선관위 주도로 세계선거기관협의회(A-WEB)란 비영리단체를 만들어 한국의 선거 시스템 해외 전파 사업을 주관하고 있다. 피지, 아르헨티나, 엘살바도르, 에콰도르, 루마니아, 도미니카, 콩고, 키르기스스탄, 이라크 등의 개발도상국에 ODA(공적개발원조) 자금을 사용해 전자투표를 위한 중앙 서버를 무상으로 구축해 주고 전자 투·개표 시스템을 수출했다.

그런데 공교롭게도 중앙선관위의 주도로 설립된 에이 웹(A-WEB)이 중앙 서버와 전자개표기 등을 공급해 준 많은 나라에서 부정선거와 함께 유혈 폭동 사태가 발생했다.

이라크, 콩고, 볼리비아, 키르기스스탄 등의 나라는 선거 당시 개표 결과에 의문을 품은 국민 사이에서 '한국 전자 투표기가 부정선

거의 도구가 됐다'라는 논란이 빚어지기도 했다.

3) 북한은 사이버 공격으로 어떻게 돈을 탈취하였는가?

사이버 보안 연구가들은 2017년 5월, 150개국 30만 대 이상의 컴퓨터를 감염시켜 약 40억 달러의 재정적 손실을 일으킨 워너크라이(WannaCry) 사이버 공격이 북한과 연계되었다는 기술적 증거를 찾아냈다고 밝혔다.

워너크라이는 사용자의 중요 파일을 암호화한 뒤 이를 푸는 대가로 금전을 요구하는 랜섬웨어의 일종이다. 마이크로소프트(MS) 윈도우 운영체제의 취약점을 파고들어 중요 파일을 암호화한 뒤 파일을 복구하는 조건으로 300~600달러에 해당하는 비트코인(가상화폐)을 요구했다. 2017년 5월 12일부터 대규모 사이버 공격을 시작하여 병원, 기업, 정부, 기관 등의 업무가 마비되거나 차질을 빚는 등 사상 최대의 피해를 낳았다.

영국에서는 국민보건서비스(NHS, 한국의 건강보험공단과 유사한 조직) 산하 40여 개 병원이 환자 기록 파일을 열지 못하는 등 진료에 차질을 빚거나 예약을 취소했으며 랜섬웨어에 감염되었다. 보고서에 따르면 공격 1주일 동안 1만 9천 건의 진료 예약이 취소되어 전체 NHS 진료의 1%가 차질을 빚었으며 손실된 서비스와 암호화된 파일을 풀어주는 대가와 그 여파로 인한 IT 비용으로 총 9200만 파운드의 피해를 입었다고 한다.

사이버 보안 전문가들에 따르면 2017년 이후 북한의 사이버 공격은 점점 더 정교해지고 추적하기가 어려워지고 있다 한다. 2019년 9월, 유엔 전문가들은 북한이 핵 프로그램을 위한 자금을 사이버 공격을 통해 17개국에서 35건 이상 불법적으로 탈취한 사례를 조사하고 있다고 밝혔다.

북한이 금융기관과 가상화폐 거래소를 공격해 '최대 20억 달러'를 불법 취득했다고 한다. 한국이 10건의 북한의 사이버 공격으로 가장 큰 피해를 보았으며, 인도가 3건, 방글라데시와 칠레가 각각 2건, 그리고 13개국이 각각 1건의 공격을 받았다.

전문가 분석에 따르면 2019년 북한 사이버 범죄자들이 암호화폐 거래소를 공격 대상으로 초점을 옮겼는데, 세계 최대 암호화폐 거래소 중 하나인 한국의 빗썸이 최소 4차례 이상 공격을 받았다. 2017년 2월과 7월의 두 번의 공격에서 각각 약 700만 달러의 손실을 보았고, 2018년 6월 공격에서는 3100만 달러, 2019년 3월 공격에서는 2000만 달러의 손실을 보았다고 한다.

제5장

전쟁과 심리의 과학

18

유화정책으로 평화 보장?

– 체임벌린의 치명적 실책

제2차 세계대전의 서곡 – 유화정책

제1차 세계대전은 1914년에서 1918년까지 병사 900만 명 이상이 사망하고 2500만 명이 부상당한 대참상과 엄청난 파괴를 불러온 대전쟁이다. 연합국의 승리로 끝난 종전 이후 1919년 6월 28일 승전국인 미국, 영국, 프랑스 등과 패전국 독일은 프랑스 베르사유궁전 '거울의 방'에서 강화조약을 맺었다.

독일이 불참한 가운데 연합국들끼리만 협상한 베르사유 조약의 내용은 독일 국민들에게 매우 가혹한 것이었다. 독일은 강화조약으로 해외 식민지를 모두 잃었고 알자스로렌 지방을 프랑스에 반환했을 뿐 아니라 영토의 10%와 인구의 15%를 벨기에, 폴란드, 체코슬로바키아에게 잃었다. 또 같은 민족인 오스트리아와의 합병도 금지되었고 무엇보다 1320억 마르크(2018년 가치로 4420억 달러)의 천문학적인 전쟁 배상금이 부과되었다.

베르사유 조약은 재빨리 '카르타고식 평화(Carthaginian peace)'라는 평판을 얻었다. '카르타고식 평화'란 적을 완전히 쳐부수고 부과한, 매우 혹독한 조건의 '평화'로 이 용어는 로마가 카르타고에 부담시킨 가혹한 화평조약에서 비롯된 말이다.

히틀러의 등장과 연합국의 유약한 대처

히틀러는 〈나의 투쟁(Mein Kampf)〉에서 '독일 국민들을 위한 생활공간'을 주장하며 제1차 세계대전에서 잃은 영토를 되찾고, 모든 독일인이 하나로 뭉쳐 독일제국을 건설하기를 주장했다.

그는 베르사유 조약의 폐기를 주창하고 정권을 잡아 1935년 재군비 선언(Aufrüstung der Wehrmacht)과 동시에 본격적으로 군사력 팽창에 나서 라인란트 점령과 독일-오스트리아 합병을 감행하며 1938년에는 체코슬로바키아의 수데텐란트를 점령한다.

베르사유 조약에 따라 프랑스와 독일 사이의 라인란트 지방은 비무장지대로 설정되어 연합국의 감시를 받고 있었다. 그런데 1936년 3월 7일, 히틀러가 라인란트에 독일군을 진주시키면서 집권 후 최초의 군사 도발을 자행했다. 프랑스와 영국은 독일의 공격적인 움직임에 깜짝 놀랐지만 애써 그 의미를 축소하고 히틀러가 원하는 것을 갖게 되면 그만둘 것이라고 대응을 하지 않았다.

독일-오스트리아 합병

합스부르크 왕가의 오스트리아-헝가리 제국은 제1차 세계대전이 끝난 뒤 생제르맹 조약(Saint Germain treaty)에 의해 분할되어 독일과 국경을 맞댄 소국으로 전락했다. 이 조약은 오스트리아 제국 내에 있던 여러 이민족의 분리 독립을 허용하여 체코슬로바키아, 유고슬라비아, 헝가리, 폴란드 등이 독립 국가를 이루게 되었고, 오스트리아는 독일인을 중심으로 독일인 거주 지역에 새로운 오스트리아 공화국을 신설했다.

따라서 생제르맹 조약에서 독일-오스트리아 합병은 금지돼 있었지만 오스트리아 태생인 히틀러는 모든 게르만 민족은 단결해야 한다는 '독일민족주의'를 내세워 1938년 오스트리아를 독일제국에 합병한다.

이는 '대독일 제국'으로 알려진 히틀러 제국의 시작으로 그 결과 700만 명의 인구와 10만 명의 군대를 독일제국에 추가했으며 오스트리아의 철강, 철광석, 외환 보유고라는 유용한 자원을 얻게 되었다.

이로써 남동부 유럽의 세력 균형은 독일에 유리하게 움직여 발칸 반도에서의 영향력을 증가시켰고, 체코슬로바키아는 이제 독일에 의해 3개의 전선(前線)에 둘러싸이게 되었다.

히틀러는 총 한방 쏘지 않고 오스트리아를 점령하자, 바로 이웃한 체코슬로바키아를 군사력으로 점령하기로 결심한다. 그렇다면 히틀러가 베르사유 조약을 파기하고 히틀러 제국을 착착 건설하고 있는 동안 영국과 프랑스는 어떻게 대처하고 있었을까? 1938년 3월, 실제로 독일이 오스트리아를 침공하기 이틀 전, 프랑스는 내각 전체가 사임하여 정치적 혼란 상태에 놓여 있어 독일의 침략에 대항할 처지가 아니었다.

한편 영국 국민들은 또 다른 세계대전의 학살을 불러오지나 않을까 매우 두려워하고 있어 체임벌린(Neville Chamberlain) 영국 수상은 독일에 대항하려는 정치적 의지가 없었으며 어떠한 대가를 치르

영국의 유화 정책으로 히틀러는 견제 받지 않고 독일 영토를 확장할 수 있었다.

더라도 히틀러를 달래는 유화정책을 쓴다.

유화정책이란 1930년대에 전쟁을 피하고자 양보와 타협을 위주로 하는 무마정책으로 히틀러가 견제 받지 않고 독일 영토를 확장하도록 허용한 영국의 정책에 붙여진 이름이다. 체임벌린과 가장 밀접한 관련이 있는 이 정책은 현재는 나약한 실패한 정책으로 인정되지만 당시에는 실용적으로 보이는 정책이었다. 또한 많은 영국인들은 1918년 독일이 패망 후 부당한 대우를 받았다고 동정하는 분위기였다.

히틀러는 〈나의 투쟁〉에서 성공적인 선전·선동에 대해 다음과 같이 언급한다. "터무니없는 거짓말을 단순하게 계속 반복해서 하면 결국 사람들은 믿게 된다."

히틀러는 이러한 선전·선동을 라인란트 점령, 오스트리아 합병, 수데텐란트 할양과 같은 일련의 사건에서 능숙하게 활용하는데, 이런 히틀러의 기법은 세계 각국에서 다른 나라와의 전쟁에서 뿐만이 아니라 자국 내의 정권 투쟁에서도 많이 응용되었다.

수데텐란트 위기

체코슬로바키아는 제1차 세계대전이 끝난 후 오스트리아-헝가리

제국의 붕괴 이후 1918년에 건국되었다. 연합국과 오스트리아 사이에 맺은 생제르맹 조약(Saint Germain Treaty)에서 인정된 체코슬로바키아 독립에는 국가 전체 인구의 24%인 약 300만 명의 독일어권 사람들이 포함되어 있었다.

독일인들은 독일과 새로 창설된 오스트리아와 국경을 맞대고 있는 체코슬로바키아의 수데텐란트(Sudetenland) 지역에 주로 살았는데, 그들이 체코슬로바키아 국민이 되고 싶은지에 관한 의견은 전혀 물어보지 않은 채, 전쟁의 승자들이 만든 조약의 결과 그대로 체코슬로바키아에 속하게 되었다.

비록 헌법에는 모든 시민의 평등을 보장하고 있었지만, 정치 지도자들 중에는 국가를 체코와 슬로바키아 민족주의의 도구로 이용하려는 경향이 있었다. 독일인들은 정부와 군대에 자신들을 대표하는 인물이 불충분했고, 더구나 1929년 대공황은 산업화가 되고 수출 지향적인 수데텐란트 독일인들에게 더 큰 영향을 미쳤다. 1936년까지 체코슬로바키아 실업자의 60%가 독일인이었다.

1933년 수데텐의 독일 지도자 콘라트 헨라인(Konrad Henlein)은 체코슬로바키아 정부에 대하여 '전투적·대중주의적·공개적으로 적대적인' 수데텐 독일당(Sudeten German Party: SDP)을 창설했으며, 곧 독일 인구가 많은 지역에서 투표의 3분의 2를 장악했다.

1937년 SDP는 독일인의 몰표를 받아 체코슬로바키아에서 두 번째로 큰 정당이 된다. 오스트리아가 독일에 합병된 직후, 헨라인은 1938년 3월 28일 베를린에서 히틀러와 만났다. 그 만남에서 히틀러는 헨라인에게 베네시(Edvard Beneš) 대통령이 이끄는 체코슬로바키아 정부에 받아들일 수 없는 요구를 제시하라는 지시를 한다. 동시에 독일계 주민들에게는 무장봉기를 일으켜 체코슬로바키아 정부를 전복시키라고 대놓고 선동을 했다.

히틀러가 독일제국 바깥에 살고 있는 소수 독일 민족을 보호하겠다고 약속하면서 체코슬로바키아의 위기가 시작된다. 헨라인은 4월 24일, 체코슬로바키아 정부에 '칼스바트 프로그램(Carlsbad Program)'이라는 일련의 요구 사항을 발표했다. 그 중에는 체코슬로바키아에서 살고 있는 독일 소수민족의 완전한 자치권에 대한 요구 사항이 들어 있었다. 체코슬로바키아 정부는 독일 소수민족에게 더 많은 권리를 제공할 용의는 있지만 그들에게 자치권을 부여하는 것은 거부했다.

1938년 5월, 히틀러와 그의 장군들이 체코슬로바키아 점령을 위한 계획을 세우고 있다는 것이 알려졌다. 체코인들은 프랑스와 동맹을 맺었기 때문에 프랑스 정부의 정치·군사적 원조를 기대하고 있었다. 그러나 군사적으로, 정치적으로 전쟁에 대한 준비가 되어 있지 않은 에두아르 달라디에(Édouard Daladier) 프랑스 정부는 전쟁 상태에 들어가지 않고 위기를 해결하려고 전념한다.

체코슬로바키아는 또한 소련과 동맹을 맺고 있었고, 스탈린은 프랑스와 영국이 체코슬로바키아를 방어하기로 결정한다면 협력할 의사를 내비쳤다. 하지만 소련의 제안은 수데텐 위기 내내 무시되었다. 한편 프랑스와 영국은 히틀러의 군사력을 심각하게 과대평가하고 있었기 때문에 어떤 대가를 치르더라도 독일과의 군사적 대치를 피하려고 했다.

독일과 체코슬로바키아 정부 사이에 긴장감이 고조된 가운데 1938년 9월 15일 베네시 체코슬로비아 대통령은 체코슬로바키아에서 쫓아낼 150만~200만 명의 수데텐 독일인을 받아주는 대가로 독일에 체코슬로바키아 영토 6000제곱킬로미터를 제공하겠다고 비밀리에 제안했다. 그러나 히틀러는 아무런 응답도 하지 않았다.

네빌 체임벌린 영국 총리는 9월 15~16일 베르히테스가르텐(Berchtesgarten)에서 히틀러를 만났다. 체임벌린은 히틀러가 요구하는 수데텐란트를 독일에 할양하도록 체코슬로바키아 정부에 압력을 가할 것을 약속했으며, 히틀러는 체임벌린이 약속을 지킬 때까지 그 보답으로 어떠한 군사적 행동도 취하지 않을 것에 동의했다. 체임벌린은 자신의 내각과 프랑스가 수데텐란트 주민들의 주민투표 결과를 받아들이도록 체코슬로바키아 정부를 설득하기로 히틀러에게 약속했다.

프랑스의 총리 에두아르 달라디에와 외무장관 조르주 보네

지도에서 황금갈색으로 나타낸 지역이 수데텐란트이다.

(Georges Bonnet)는 런던에서 영국 외교관과 만나 수데텐란트의 인구 50% 이상을 독일에 보내는 것을 수용하기로 하는 합동 성명을 낸다. 이 과정에서 자국의 운명을 결정하는 중요한 회담에 그야말로 '패싱'을 당한 체코슬로바키아 정부는 처음에는 이 제안을 거부했지만 9월 21일 어쩔 수 없이 받아들였다.

9월 22일, 체임벌린은 다시 독일로 날아가 고데스베르크(Godesberg)에서 히틀러를 만났다. 영국과 프랑스의 유화정책에 자신감을 얻은 히틀러는 일주일 전 베르히테스가르텐의 만남에서 군사적 행동을 취하지 않겠다는 자신의 조건을 이제는 지킬 수 없다고 하여 체임벌린을 당황케 만든다. 히틀러는 더욱 조건을 강화시켜 수데텐란트는 즉시 독일에 합병되어야 하며, 9월 28일까지 체코슬로바키아는 수데텐란트에서 군대를 철수할 것을 요구했다.

9월 24일, 히틀러는 체코슬로바키아가 9월 28일까지 수데텐란트를 독일에 할양해야 하며 만일 그때까지 독일의 요구에 동의하지 않으면 수데텐란트를 무력으로 점령하겠다는 소위 '고데스베르크 각서(Godesberg Memorandum)'를 발표했다. 체임벌린은 독일의 최후통첩에 대해 항의했지만 히틀러는 그 문서에 '각서'라는 제목이 붙여졌으므로 '최후통첩(Ultimatum)'이라고 불릴 수 없다고 응답한다.

히틀러의 제안은 프랑스와 체코슬로바키아뿐만 아니라 체임벌린 내각 일부의 저항에 부딪쳐 합의가 되지 않자, 전쟁은 불가피한 것처럼 보였다. 체임벌린은 독일이 요구하는 수데텐란트의 할양을 얻어내는 데 영국이 도와주는 대가로 무력 위협을 포기할 것을 촉구하는 기자 회견을 열었다. 1938년 9월 27일, 그는 라디오로 전국에 다음과 같은 유명한 연설을 한다.

"머나먼 나라의 우리가 알지도 못하는 사람들 간의 분쟁 때문에, 우리가 참호를 파고, 방독면을 써야만 한다는 것은 얼마나 끔찍하고 기가 차며 믿기지 않는 일인가! 원칙적으로 이미 다 결정 나서 끝난 분쟁이 전쟁의 원인이 된다는 것은 더욱 더 믿기지 않는 일이다."

뮌헨협정: 제2차 세계대전의 서곡

체임벌린은 전쟁을 피하기 위한 막바지 노력의 일환으로 분쟁을 해결하기 위해 즉각 4개국 회의를 소집할 것을 제안했다. 히틀러는 9월 28일이 되자 침공을 명령하지 않고, 대신 뮌헨에서 네 명의 정부 수반(영국의 체임벌린, 프랑스의 달라디어, 독일의 히틀러, 이태리의 무솔리니)들이 추가 회담을 하자는 체임벌린의 제안을 받아들였다. 이 회담에 체코슬로바키아와 소련은 제외되었다.

무솔리니는 4개국 회담에서 '이탈리아 제안'을 발표하는데, 몇 년이 지난 후 이 계획은 독일 외무부에서 준비되었다는 사실이 밝혀졌다. 이탈리아 제안은 고데스베르크 제안(Godesberg proposal)과 거의 동일하여 "독일군은 10월 10일까지 수데텐란트의 점령을 완료하며, 국제위원회는 다른 분쟁 지역의 미래를 협상을 통하여 결정할 것이다"라는 내용을 담고 있다. 1939년 9월 30일 히틀러와 함께 공동 서명한 이 합의문을 유명한 '뮌헨협정(Munich Agreement)'이라고 부른다.

이 뮌헨협정은 체코슬로바키아에 엄청난 손실과 혼란을 가져오는 것으로 수데텐란트가 독일로 할양되면 우선 독일에 대한 방어적 국경과 요새를 잃게 되며, 또한 석탄의 66%, 철강 산업의 70%, 전력의 70%, 그리고 350만 명의 시민을 잃게 된다. 반면 독일은 총알 한방 쏘지 않고 체임벌린의 유화책으로 수데텐란트를 합병함으로써 독일의 경제와 앞으로 일어날 전쟁에 자국의 위상을 상당히 높였다.

한편 뮌헨 회담에 참석도 못한 체코슬로바키아는 영국과 프랑스로

뮌헨협정에서 소련이 배제된 것을 풍자하는 그림

부터 "단독으로 독일에 대항하거나 아니면 정해진 할양 조건에 따르라"는 냉정한 통보를 받는다. 체코슬로바키아는 영국과 프랑스에 대해 배신감을 느껴 뮌헨협정을 '뮌헨배신(Munich Betrayal)'이라 불렀다. 당시 "우리의 문제를, 우리 없이!"라는 슬로건이 체코슬로바키아 국민의 감정을 잘 보여준다. 결국 약소국의 슬픈 현실로 체코슬로바키아 정부는 항복을 선택할 수밖에 없었다.

한편 체코슬로바키아와 상호 군사원조 조약을 맺고 있는 소련 역시 같은 동맹을 체코슬로바키아와 맺고 있는 프랑스에 배신감을 느꼈다. 스탈린은 뮌헨회담 결과에 서방이 히틀러와 적극적으로 결탁하여 중앙 유럽 국가를 나치에게 넘겨주었다고 매우 분노했으며, 그들이 장차 소련에도 똑같은 짓을 할지도 모른다는 우려를 했다.

따라서 만일 독일의 침공을 받는다면 서구 세력의 지원 가능성에

공공장소에 우산을 들고 다니는 체임벌린의 유화정책을 풍자하는 정치만화

회의를 느낀 스탈린은 1939년 몰로토프-리벤트로프 조약(Molotov-Ribbentrop Pact, 소련-독일 상호불가침조약)을 맺어 세계를 깜짝 놀라게 했다.

체임벌린 영국 수상은 공공장소에 종종 우산을 들고 다녀 그런 모습이 시사만화에 풍자적으로 그려졌고, 그에게 '우산을 든 남자(Umbrella Man)'라는 별명이 붙었다. 위의 정치만화에서는 독일이 언제든지 밧줄을 끊어버리려고 하는 가운데 우산을 든 체임벌린이 유화정책이라는 위태로운 외줄타기 하는 모습을 풍자하고 있다.

체임벌린이 뮌헨을 떠났을 때, 히틀러는 "만약 그 바보 같은 늙은이가 우산을 들고 다시 여기에 끼어들려고 한다면, 나는 그를 아래층으로 차버릴 것이다"라고 말했다고 전해진다.

1938년 체임벌린은 버킹엄 궁전의 발코니에 서서 엄청난 군중들로부터 열렬한 갈채를 받았다.

1938년 9월 30일 뮌헨에서 귀국한 영국 보수당 정권의 체임벌린 수상은 즉각적인 전쟁을 우려하던 영국 국민들로부터 국가적인 영웅으로 열광적인 환영을 받았다. 체임벌린은 버킹엄 궁전의 발코니에 영국 왕 조지 6세 부처와 나란히 서서 엄청난 군중들로부터 열렬한 갈채를 받았다. 그러나 이들 중 누구도 멀지 않은 장래에 터질 제2차 세계대전으로 자신들이 죽게 되리라고는 꿈에도 상상치 못했을 것이다.

그날 오후 체임벌린은 런던의 다우닝가 10번지 수상관저 앞에 운집한 환영 군중들 앞에서, 독일에서 "명예로운 평화, 우리 시대의 평화"를 가지고 돌아왔다고 짧지만 무척 감동적인 연설을 한다. 체임벌린이 나치 독일의 독재자 히틀러를 상대로 추진했던 유화정책의 클라이맥스라고 평가된 이 연설은 훗날 역사의 아이러니로 기억되고 있다.

대부분의 신문들은 비판 없이 체임벌린을 지지했고, 또한 갤럽 여론조사에 따르면 영국, 프랑스, 미국의 대다수의 사람들이 뮌헨협정을 지지했다고 한다. 이때 영국 정계에서 뮌헨협정의 문제점을 지적한 불과 2~3명 중에 거물 정치가인 윈스턴 처칠이 있었다.

처칠은 체임벌린에게 "당신에게는 전쟁과 불명예 중 하나를 선택할 기회가 주어졌다. 그런데 당신은 불명예를 선택했으며 그 결과는 전쟁이 될 것이다(You were given the choice between war and dishonour. You chose dishonour and you will have war)"라고 비판했다.

처칠은 전쟁을 불사하면 전쟁을 막을 수 있었지만 유화정책으로 히틀러의 요구를 계속 들어줌으로 인해 오히려 전쟁이라는 엄청난 재앙을 곧 초래하게 되었다고 말했다. 즉 뮌헨협정이 한 방울의 피도 흘리지 않고 유럽 대륙을 영원히 바꾸어, 유럽의 정치적 환경과 역사를 재구성하였다고 선언하면서 처칠은 "유화론자란 악어가 맨 마지막에 자신을 잡아먹기를 바라며 악어에게 먹이를 주는 사람이다"라고 정의했다.

1938년 10월 1일, 독일군은 즉시 합병된 수데텐란트로 진격했다. 약 11만 5천 명의 수데텐 체코인과 사회민주당원, 공산주의자, 유태인을 포함한 3만 명의 수데텐 독일인들이 체코슬로바키아의 남겨진 지역으로 도망쳤다.

1938년 10월 1일, 독일에 합병된 수데텐란트로 독일군이 진격했다.

체임벌린과 노벨 평화상

한편 1939년 1월 24일, 스웨덴 의회의 의원 12명이 체임벌린을 전쟁으로부터 세계를 지킨 '오늘날 가장 뛰어난 정치인'이라고 노벨 평화상 수상자로 지명하자 세계 각지에서 체임벌린의 지명을 지지하는 청원이 쏟아져 들어왔다.

그런데 아이러니한 것은 인류 역사상 가장 잔인하고 악독한 독재자들 중 한 사람으로 꼽히는 아돌프 히틀러도 노벨 평화상 후보로 지명되었다는 사실이다. 스웨덴 의회의 사회민주당원인 브란트(Erik Gottfrid Christian Brandt)가 그를 추천했다.

그러나 '유럽에서 더 이상 영토를 요구하지 않겠다'는 약속에도 불구하고, 체임벌린의 유화정책에 의해 조금도 달라지지 않은 히틀러는 불과 5개월 후인 1939년 3월, 체코슬로바키아의 나머지 지역마저 합병한다. 이로써 체임벌린의 노벨상은 그가 믿을 만한 사람이라던 히틀러에 의해 날아가버렸다.

그로부터 6개월 후인 1939년 9월, 독일은 폴란드를 무력으로 침공하여 제1차 세계대전이 끝난 지 20년 만에 다시 제2차 세계대전이 일어난다. 체임벌린의 유화정책은 전쟁을 잠시 늦추기는 했지만 막지는 못했다.

1938년에 체임벌린이 받았던 모든 칭송과 찬사는 즉각 사라졌고 그는 정치인으로서 모든 신뢰를 잃었다. 뮌헨협정은 끔찍한 전쟁을 막기 위한 체임벌린의 진지한 시도였지만, 그러나 역사는 현실을 잘못 인식한 정치인으로 그를 기억하고 있다

19

군중심리와 광기

– 중국 문화대혁명 50주년

2016년은 중국의 문화대혁명이 일어난 지 만 50년이 되는 해이다. 문득 지난 1981년, 교육부의 공과대학 교수 해외연수 프로그램에 선정되어 2년간 미국의 사우스캐롤라이나 대학에 다녀온 기억이 새삼스럽다. 그때만 해도 우리나라 공과대학은 실험 장비가 너무나 빈약해 정부에서 공과대학 교수 재교육을 위한 프로그램을 만들었다. 한편 중화인민공화국(중공)에서도 문화대혁명 이후 1979년 카터 대통령 때 미국과의 관계가 개선되어 개방정책을 펴기 시작할 때이다.

그 당시 나는 인지하지 못하고 있었지만 중공도 문화대혁명으로 초토화된 교육현장을 재건하기 위하여 미국과의 역사적인 문화교류 프로그램에 따라 1980~1981년부터 과학자를 선발해서 미국으로 보냈다. 당시 우리나라는 중화민국(지금의 대만)을 합법적인 정부로 인정하고 있었으며 중공은 북한과 같은 적대 국가였고 그래서 해외여행을 나갈 때는 반드시 안보교육을 받았었다.

1981년 미국 사우스캐롤라이나 대학에 도착하고 보니 문화교류 프로그램에 따라 이 대학에 파견된 중공 과학자들이 상당수 있었다. 그런데 공동 연구자인 미국 교수는 한국과 중공 간의 정치적 관계를 알지 못해서 중공 여성 과학자와 내가 함께 지낼 집을 빌려놓았다. 그녀도 실로 난감한 상황에 처하긴 나와 마찬가지였겠지만 한 달 후 내가 다시 집을 구해서 나올 때까지 우리는 룸메이트로 지내면서 서로 가까워지게 되었다.

칭화대학에서 석사학위를 했다는 그녀의 남편도 마찬가지로 물리학과에 파견되어서 우리는 여러 가지 속내를 나눌 정도로 가까워졌는데 가장 인상 깊게 들었던 이야기가 바로 문화대혁명 때 자신들이 체험했던 얘기였다. 그때는 문화대혁명의 배경이나 전개 또는 결과 등에 대해 거의 아는 바도 없었고 특히 칭화대학이 이공계로 무척 좋은 대학인지도 몰랐을 때였다.

그녀는 파견된 과학자들 중 누가 자기들을 감시하는 공산당원인 줄 모르니 오히려 나에게 말조심 할 것을 당부하면서 간략하게 자신들의 체험담을 털어놓았다. 그의 말에 따르면 정치적으로 몰리고 있던 마오쩌둥이 지식층에 인기가 있는 류사오치를 몰아내기 위해 시작한 운동이라고 하면서 그 당시 중공은 마오쩌둥이 신격화되어 있어 어린이들까지 마오쩌둥을 자신들의 부모 이상으로 떠받들도록 세

문화대혁명 당시의 홍위병 집회 광경

뇌되었다고 한다.

본격적으로 문화대혁명이 전개되면서, 그녀의 어린 아들이 집에 와서 "지식인들이 노동자와 농민을 착취하기 때문에 타도해야 한다"는 식의 말을 하여 그녀는 "너의 부모도 지식인들인데 우리가 누구를 착취하는 것을 본 적이 있느냐"고 물었다 한다. 주로 중고등학생, 대학생으로 구성된 홍위병들은 "4가지 낡은 것(낡은 풍습, 낡은 문화, 낡은 습관, 낡은 생각)들을 타파해야 한다"면서 그 일환으로 심지어는 어린 학생들이 교사나 교수들을 구타하거나 온갖 공개적 수모를 주는 등 사회가 미쳐 돌아갔다고 전했다. 며느리가 시아버지를, 손자가 할아버지를 타파 대상으로 고발하여 처형당하는 일이 부지기수였다고 한다.

문화대혁명 때 200만 명 정도의 사람들이 처형당했다고 추산되며 5천년 이상 면면히 내려온 수많은 문화재와 유적들이 반혁명적인 것들로 매도되어 무참히 파괴되었다. 홍위병들은 공자 사당 대성전(大

문화혁명 당시 홍위병들이 공자 사당(祠堂) 대성전(大成殿)에 들어가 공자상을 끌어내고 있다.

成殿)에 들어가 공자상을 끌어내고 공자의 묘도 파헤쳤다고 하니 이성을 잃은 군중들의 집단 광기에 전율을 했다. 오래 전 감명 깊게 보았던 영화 '패왕별희'에서 두 주인공 샬루와 데이가 문화대혁명 때 홍위병들에 의해 겪게 되는 인민재판 현장은 군중이라는 집단 속에서 인간이 얼마나 잔인무도해질 수 있는지 잘 보여주고 있다.

그러고 보니 캄보디아의 폴 포트(Pol Pot) 정권도 인구의 약 3분의 1을 학살한 것으로 추정하는데 나중에는 누가 지식인인지 구별하는 것도 귀찮아서인가 말끔한 고운 손을 가지거나 안경 쓴 사람은 모조리 살해했다고 한다. 총이나 칼 대신 뾰족하게 날카로운 선인장도 사용했다고 캄보디아 여행 때 관광 가이드가 한 말이 기억난다.

나의 룸메이트인 중공의 여교수 남편은 당시 칭화대학에서 석사학

문화대혁명 때 홍위병들에 의한 인민재판은 군중이라는 집단 속에서
인간이 얼마나 잔인무도해질 수 있는지 잘 보여주고 있다.

위를 받은 몇 백 명 안 되는 소위 엘리트였는데, 그가 근무하던 국가 지정 과학연구소에 어느 날 농민과 노동자가 갑자기 들이닥쳐 연구소를 접수했다. 그리고 매일같이 정신교육과 자아비판이 시작되면서, 정신교육의 일환으로 그녀의 남편은 어느 건설 현장으로 보내져 벽돌을 나르고 쌓는 노동을 하고 그녀도 어느 마을에서 이발하는 일을 하게 되었다.

미국에 유학까지 했던 연구소 원장은 정신 개조를 해야 할 정도가 너무 심해 연구소 화장실 청소하는 일을 시켰다는데, 아마도 당시는 수세식 변소가 아닌 재래식 변소일 테니 그가 겪었을 수치심과 모멸감은 가히 상상이 간다. 그리고 일이 끝난 후에는 매일 밤 노동자들 앞에서 자기의 옛날 과오를 반성하는 자아비판을 해야만 했던 연구소 원장은 결국 견디지 못하고 자살을 했다고 한다.

그렇게 10년이 지나갔고 문화대혁명이 끝나면서 덩샤오핑에 의한 개방정책으로 제일 처음으로 과학자 교환프로그램에 선발되어 나오게 되었다는 그녀의 남편은 "만일 덩샤오핑의 개방정책이 실패로 돌아가 옛날과 같은 일이 또다시 발생하는 일이 있더라도 절대로 자살해서는 안 되고 살아남아야 한다"고 아내에게 말했다.

그때 한국은 교육부에서 파견하는 공과대학 교수들에게 한 달에 생활비로 1000달러를 지급했다. 그런데 미국도 중공 정부에게 과학자 한 사람당 1000달러씩 보조하겠다고 제안했는데, 중공 정부는 같은 비용으로 과학자를 두 명씩 보내겠다고 해서 자신들은 500달러씩 받는다고 말하던 기억도 난다.

당시 중공 과학자들은 개인 집을 빌려서 남녀가 여러 명이 모여 살면서 주거비를 아껴 500달러의 생활비로도 귀국할 때는 냉장고 등 가전제품들을 사서 돌아갔다. 그때 여러 명의 남녀 과학자들이 한집에 사는 것이 불편하지 않으냐고 물었더니, 돌아오는 대답은 남녀로 나누어 각각 다른 방에서 살고 한 사람은 거실에서 지낸다고 말했다. 공산주의 치하에서 별별 일을 다 겪어서인지 국가를 대표하여 나왔다는 40대의 과학자들이 무척 소박했다. 그런데 문화대혁명 기간 동안 대학 문이 10년간 닫혀 있어서 개방정책으로 미국에 과학자들을 보내려고 할 때 자신들이 제일 나이가 젊은 편에 속했다고 했다.

그 중공 과학자는 귀국하게 되면 상부에 자기가 미국에서 누구를 만났었는지를 다 보고하게 되어 있다고 해서 나도 귀국하면 똑같이 보고 당해야 하는 것이나 아닌지 찜찜해 했던 기억이 난다. 그런데 누군가 '힘이 정의'라더니 1992년 8월, 우리나라도 중화인민공화국과 수교하면서 그때부터 중화민국(대만) 대신 중화인민공화국이 중국의 유일한 합법적 정부로 인정되었다.

또한 물리학자 부부가 그렇게 염려했던 덩샤오핑의 정책은 실패로 끝나지 않고 성공하여 이제는 미국을 위협하는 경제 대국으로 성장하였으니, 오히려 공산주의의 이상(?)을 지키고자 했던 문화대혁명이 역설적으로 자본주의 사회로의 진입을 촉진시킨 것이 아닌가 싶다.

지식인이 노동자를 착취하는 것이 아니냐고 묻던 그 부부의 어린 아들은 내가 있었던 연구실에 유학 와서 박사학위를 마쳤다는 소식을 풍문으로 들었다. 1981년에 안보교육을 성실히 받았던 탓인지 그 부부에 관한 모든 소식을 잊고 지내다 문득 문화혁명 50주년이라는 기사를 접하게 되자, 노년에 재회하여 이렇게 바뀐 세상을 얘기 나눌 수 있었으면 좋겠다는 생각을 해본다.

자기들이 무엇을 하고 있는지조차 모르고 집단 광기에 휩쓸려 죄 없는 사람들을 죽이거나 수많은 문화재들을 파괴하여 역사에 씻을 수 없는 죄를 지은 1500만 명의 홍위병들도 이제 공자가 말하던 "하고 싶은 대로 하여도 법도를 어기지 않았다(從心所慾不踰矩)"는 70대 나이에 도달했으리라. 그들이 한국보다 더 빈부 격차가 극심한 자본주의로 변해가는 현재의 중국을 어떤 심정으로 바라보고 있는지 꼭 물어보고 싶다. 또한 봉건왕조 시대의 표상으로 그토록 타도의 대상으로 삼던 공자도 이제는 완전히 복권되어 그의 사상과 철학은 철저히 정권의 이익에 이용되고 있다.

20

역사에서 배우는 프로파간다

– 프로파간다의 종류, 기법, 매체

모든 세대에서 크게 성공한 정치가를 보면 우선 자기 시대 미디어 도구의 달인이라 할 수 있다. 가령 미국의 제32대 프랭클린 루스벨트(Franklin D. Roosevelt, 재임 1933~1945) 대통령은 첫 번째 '라디오' 대통령이다. 당시의 최첨단 기술인 라디오를 이용해 경제 대공황 위기를 극복하기 위한 뉴딜정책을 수백만 국민에게 직접 호소한 노변담화(爐邊談話, Fireside chat)는 오늘날까지도 대국민 소통의 모범 사례로 여겨지고 있다. 라디오 시대에 완벽하게 들어맞는 루스벨트 대통령의 수사학적 천재성은 대중들에게 그의 신체적 장애가 전혀 문제가 되지 않게 해주었다.

그런가 하면 미국 제35대 케네디(John F. Kennedy, 재임 1961~1963) 대통령은 최초의 '텔레비전' 대통령이다. 세련되고 핸섬하고 에너지가 넘치는 젊은 케네디는 텔레비전의 힘을 통해 미국 국민의 마음을 사로잡았다. 미국 제35대 케네디 대통령의 취임 연설 중 "국가가 여러분을 위해 무엇을 해줄 수 있는지를 묻지 말고 여러분이 국가를 위해 무엇을 할 수 있는지를 물으시오(Ask not what your country can do for you, ask what you can do for your country)"라는 말은 미국 국민들의 심금을 울렸던 유명한 말이다.

그로부터 대략 반세기가 지난 2008년 미국 232년 역사상 흑인으로는 처음으로 버락 오바마가 제44대 미국 대통령으로 당선되는 성공 신화를 썼으며 2012년 선거에서도 재선에 성공했다. 그는 두 번의 대선에서 인터넷 시대에 걸맞게 선거 판세를 변화시킬 수 있는 동력으로 이메일, 온라인 비디오, 빅데이터 그리고 페이스북이나 트위터 같은 소셜 미디어 도구들을 완벽하게 선거에 사용했다. 물론 지나고 보니까 이러한 성공전략들이 모두 너무 당연해 보이지만, 당시에는 혁신가들(루스벨트, 케네디, 오바마) 모두가 제대로 이해받지 못하고 저평가되었으며 비판을 받았다.

그리고 지난 2016년 미국 대선에 '소셜 미디어'와 '리얼리티 TV 쇼'의 대통령(?) 같은 도널드 트럼프가 나타난다. 그는 미디어 다루기의 달인으로, 소방호스로 고압의 물을 뿌려대듯 강도 높은 막말을 쏟아내어 어떻게 보면 정치가인지 막말 제조기인지 분간이 안 갈 정도였다. 그 예로 멕시코 불법 이민자들에 대한 그의 막말을 들어보자.

"그들(멕시코 정부)은 문제가 많은 사람을 미국으로 보내고 있다. 이들은 성폭행범이자, 미국에 마약을 들여오고 범죄를 일으키는 주범이다. 남쪽 국경에 거대한 벽을 쌓을 것이며 돈은 멕시코가 내도록 하겠다."

그런데 이상한 것은 이런 막말에도 불구하고 그의 지지율이 올라 마침내 불가능해 보였던 공화당의 대선 후보로, 그리고 궁극적으로는 대통령으로 선출되었다는 점이다. 트럼프는 대통령직을 수행하면서도 방송과 소셜 미디어를 사용하여 미디어의 비판이나 반대를 무력화하기 위해 현대 미국 정치사에서 가장 논란이 많은 미디어와의 전쟁을 벌였다.

그런데 과장되고 허풍스러운 'TV 리얼리티 쇼'는 우리나라 2007년 17대 대통령 선거에서도 발견할 수 있다. 그 당시 경제공화당 후보로 나온 모 후보는 자신의 IQ가 430에 이르며, 축지법 등을 구사할 수 있다는 황당한 발언으로 일종의 코미디 같은 그의 행동이 상당한 재미를 주었다. 거기에다 더하여 출산할 때마다 3천만 원을 지급하고 결혼하는 모든 신혼부부에게 5천만 원을 주며 노인에게는 매월 50만 원의 수당을 준다는 꽤 푸짐한 선심성 공약을 내걸었다.

그 당시 우리나라 현대 과학계의 산 역사이며 과기부 장관을 두 번이나 역임하고 과학기술 발전을 주도해왔던 ○○○ 박사도 참주인연합의 대선 후보로 출마했는데, 그때 나를 기절초풍하게 한 것은 ○○○ 박사보다 모 경제공화당 후보가 더 많은 득표를 했다는 사실이다.

그로부터 13년이 지난 2020년, 유권자들의 마음을 사는 데는 이러한 선심성 복지정책이 효과가 있었다고 생각했는지 21대 4.15 총선에서 정의당은 총선 1호 공약으로 만 20세가 되는 청년에게 3천만 원을 현금으로 지급하겠다는 정책을 내놓는다.

그래서 대중들의 마음을 사로잡기 위한 선전·선동 기법에는 어떤 것이 있으며 역사에서 있었던 선전·선동의 달인들의 이야기를 써보는 것도 의미가 있을 것 같아 그 역사와 기법 그리고 프로파간다 매체에 대해 살펴보기로 한다.

우선 프로파간다의 사전적 의미를 본다면 그 뜻은 원래는 신념, 주의 또는 주장들을 대중들에게 전파하기 위한 조직적 계획이나 일치된 활동으로 중립적인 의미였지만, 요즈음은 목적에 맞는 정보만을 취사선택하거나 심지어는 조작까지 하여 대중들의 의견에 영향을 주어 의도하는 대로 통제하려는 기만적인 설득법으로 부정적인 의미로 더 많이 쓰이고 있다.

반면 선동(agitation)은 하나 또는 두세 가지의 생각과 사상의 내용을 잘 전달하여 남들을 부추겨 어떤 일이나 행동에 나서도록 하는 것을 의미한다. 따라서 둘의 중요한 차이점은 프로파간다는 선동과 비교해 더 많은 생각, 사상, 이론을 전달하려고 하고 선동은 정치교육보다는 행동을 촉구하는 데 있다.

프로파간다의 역사

프로파간다라는 단어가 생기기도 전에, 아마도 인류 역사의 여명기부터 프로파간다는 있었다. 기록으로 남겨진 최초의 예로는 다리우스 1세가 페르시아 왕으로 즉위하는 과정을 묘사한 베히스툰의 '절벽에 새긴 글'(Behistun Inscription, BC 515)이다.

차나캬(Chanakya, BC 350~283)가 쓴 '아르타샤스트라'(Arthashastra)에서는 어떻게 프로파간다를 퍼뜨리는지, 전쟁에서는 어떻게 이용하는지를 잘 묘사하고 있다.

로마의 세 명의 유명한 역사학자 중 한 사람인 리비우스(Livy)가 쓴 〈로마사(History of Rome)〉는 친로마 성향 프로파간다의 걸작으

베히스툰의 절벽에 새긴 글

로 여겨지고 있다. 근대 민주주의의 요람이라고 하는 고대 도시국가 아테네의 경우 요즘과 같은 신문이나 라디오, TV 대신 사람들의 견해나 태도에 영향을 주는 강력한 프로파간다의 도구는 게임, 극장, 집회, 법정 또는 종교적 축제에서 자신들의 신념이나 아이디어를 선전하는 것이다. 이러한 견해를 효과적으로 전달하는 도구가 그리스인들이 특별히 뛰어난 웅변이었다.

처음으로 프로파간다라는 단어가 생긴 것은 종교개혁으로 가톨릭과 신교가 분리될 때이다. 선교 일이란 별로 새로운 일은 아니었지만 "말을 퍼뜨린다"와 연계된 가능성과 함축성을 사람들이 알아차리기 시작하면서 이 기법은 단순히 종교적인 개종뿐 아니라 정치적 또는 전쟁 시 여론을 설득할 목적으로 광범위하게 사용되었다. 프로파간다는 정당, 이데올로기, 교리, 학파의 학설(doctrine) 같은 데서 중요한 역할을 하는데, 특히 국가나 국제정책을 형성하는 데 궁극적인 목적을 두고 여론에 영향을 주려고 하는 온갖 종류의 단체들에 의해 이용되어 왔다.

아마도 이르게는 16세기에 국가 간에도 현대의 프로파간다와 어느 정도 비슷한 방법들이 사용되었는데 예를 들면 스페인의 무적함대와의 전쟁 때 스페인의 필리페 2세와 영국의 엘리자베스 1세 양쪽 다 상당히 현대적인 방법으로 프로파간다를 조성했다. 그 후로 미국의 독립전쟁, 제1,2차 세계대전 같은 전쟁에서 프로파간다는 아주 중요한 역할을 했다. 여기서는 특별히 히틀러의 프로파간다에 대하

나치의 선정장관 괴벨스는 뛰어난 선동 기술로 독일 국민을 나치즘으로 끌어들였다.

여 언급을 하고자 한다.

독일의 제3제국(Third Reich)의 프로파간다 장관이며 '히틀러 신화'의 창조자인 요제프 괴벨스(Joseph Goebbels)는 "대중을 지배하는 자가 권력을 장악한다!"라는 유명한 말을 남겼다. 천부적 달변가인 괴벨스는 언론 매체와 대중연설을 통한 교묘한 선동기술로 독일 국민을 나치즘으로 끌어들이는 데 결정적 역할을 한 희대의 인물이다.

히틀러는 〈나의 투쟁〉에서 자신이 제1차 세계대전에서 영국으로부터 매우 성공적인 선동의 비밀을 배웠다고 했다. 그가 어디서 배웠든 전쟁과 자신의 권력 강화에 철저하게 이용해 프로파간다는 독일 국민이 히틀러를 숭배하며 열광적으로 뭉치게 하는 도구가 되었다.

히틀러 프로파간다 성공의 열쇠는 나치의 이론, 열광 그리고 증오가 히틀러 의지의 도구가 되어 대중들의 마음과 생각과 느낌을 확실하게 지배하도록 그들을 세뇌시키는 훈련에 달려 있었다. 히틀러의 원대하고 야심에 찬 목표는 프로파간다의 전파를 위한 모든 방법(연단, 광고판, 언론, 라디오, 시네마)을 장악하고 독점함으로써 이룰 수 있었다. 히틀러 자신이 자기의 목표를 달성하기 위하여 썼다는 방법을 요약해 보면 다음과 같다.

❶ 매우 간단한 요점을 무한히 반복시키고 기억하기 쉬운 슬로건이나 표어를 사용하여 주입시킨다.

❷ 군중심리를 이용해 개개인에게가 아니라 그룹이나 대중들한테 호소한다.

❸ 합리적인 논쟁을 피하고 본능적인 반응 특히 원초적인 공포의 감정을 확보하도록 주력한다.

물론 위와 같은 기법은 새로울 것도 없는 내용이지만 나치나 파시스트들의 프로파간다는 무서운 특징을 가지고 있었다. 첫 번째로 모든 종류의 정보, 교육, 문화, 여가활동, 심지어는 과학교실, 사법재판소까지 침투할 정도의 철저함과 무자비함에 있다. 두 번째는 경쟁과 라이벌 또는 비판을 완전히 억압하여 바깥 세계와 자유로운 의견 교환을 막도록 고의적인 조처를 한다. 세 번째는 지도자(히틀러)를 무결점, 무오류로 신격화하는 것이다. 그리고 네 번째는 언제나 목적이 수단을 정당화한다는 마키아벨리식 원칙을 노골적으로 받아들여, 프로파간다의 성공 여부를 판단하는 유일한 기준은 결과뿐이라고 믿는다.

따라서 만일 프로파간다가 실패하면 나쁘고, 성공하면 좋은 것이라는 당연한 귀결 때문에 고의적인 거짓말까지도 옹호되었으며, 거짓말이 크면 클수록 더욱 사람들이 믿도록 만들 수 있다고 말했다. 히틀러 자신이 교묘하고 지속적인 프로파간다의 사용은 사람들을 천국도 지옥처럼 또는 가장 비참한 삶도 천국처럼 생각하게 만들 수 있다고 주장했다.

프로파간다다다의 기법, 종류와 매체

현대에서 쓰이고 있는 프로파간다의 기법은 더욱 다양한데, 그 중 전형적인 것 몇 가지만 나열해 본다.

❶ 밴드웨건(Baqndwagon) 기법: 대세를 거슬러 나 혼자 남겨지고 싶지 않아 이기는 팀에 편승하고 싶은 사람들의 갈망을 이용하는 것으로 특히 정치적·종교적 프로파간다에 자주 쓰는 기법.
힐러리 클린턴: "모든 사람이 내 대의를 지지하고 있다."

❷ 인신공격(Name-Calling): 상대방에게 테러리스트, 배신자, 위선자 등 꼬리표를 붙여서 부정적인 이미지를 심어주는 기법.

트럼프: 힐러리의 이메일 스캔들과 재계와의 이해관계를 부각시키기 위해 '부정직한 힐러리(Crooked Hilary)'로 부름.

❸ 화려한 보편적 가치(Glittering Generalities) 기법 : 흔히 상대방으로부터 호의적인 반응을 유도하기 위해 감정에 호소하는 말을 쓰는 기법.

트럼프: "우리는 벽을 세울 것이며 (불법 멕시코 이민자들을 막기 위해) 멕시코가 그 비용을 치를 것입니다."

❹ 카드 쌓기(Stacking Card) 기법: 이슈에 대한 대중들의 인식을 자신들에게 유리하게 조종하기 위하여 중요한 정보나 통계를 빼버리거나 또는 한쪽을 강조하여 충격을 주는 기법. 이 말의 기원은 마술사들이 카드를 무작위로 뒤섞는 것처럼 보이나 실상은 특별한 순서로 쌓는 데서 유래한 위험할 정도로 기만적인 기법.

예를 들어 광우병에 대한 과학적 사실을 본인이 과장해서 알리고 싶은 데이터만 선별적으로 사용하는 경우.

❺ 보통 사람들(Plain folks) 기법: 자신들과 별 공통점이 없지만, 일반 시민들이 입후보자와 동질감을 느끼도록 하는 기법. 흔히 명문가 출신의 입후보자가 공개석상에서 평범한 사람들과 같은 행동(가령 재래시장에서 떡볶이를 사 먹으며 상인이랑 담소한다든가, 아기를 안고 뽀뽀를 하는 등)을 하거나 흙수저 출신임을 강조함으로써 자신을 어려운 집안의 평범한 사람처럼 포장하는 기법.

트럼프와 바이든의 선거 유세

❻ 전이(Transfer) 기법: 존경, 권위, 제재, 명성을 담고 있는 상징이나 애국자, 종교 지도자와 같이 믿을 만한 사람의 이미지나 말의 인용 등을 통해 후보자가 주장하는 것을 대중들에게 설득시키는 기법.

트럼프의 2020년 선거 슬로건— "Keep America Great"

바이든의 2020년 선거 슬로건— "Build Back Better"

❼ 공포(Fear) 기법: 어떤 특별한 조치를 취하지 않으면 끔찍한 일이 벌어진다고 해서 사람들에게 겁을 주어 자기 편으로 만드는 기법. 예를 들면 어느 당을 찍으면 연금을 삭감하여 노인들이 더욱 빈곤층으로 몰락하게 될 것이니 우리 당을 찍어야 한다는 식의 기법.

❽ 논리의 오류(logical fallacies) 기법: 일반적으로는 합당한 논리를 전개하여 하나 또는 그 이상의 확립된 전제로부터 결론을 내리는데, 이 기법은 전제는 정확한데 결론은 논리를 비틀어 만들어서 정확하지 않은 것을 말한다. 예를 들면,

전제 1) 클린턴 대통령은 총기 규제를 찬성한다.

전제 2) 공산 정권은 항상 총기 규제를 지지해왔다.

결론: 클린턴 대통령은 공산주의자이다.

❾ 추천(Testimonial) 기법 : 유명인사가 어떤 철학이나 사회운동 또는 선거 입후보자를 공개적으로 지지하는 기법.

트럼프: "정치가들, 유명인사들, 사업가들이 나를 지지하는 것을 보라."

❿ 갈라치기 선택(Binary Choice) 기법: 흔히 '흑백사고' 기법이라고도 하는데 연설자가 청중들한테 단지 두 가지 중 하나만을 선택하도록 강요하는 기법. 이 기법은 이슈들의 양극화를 초래하여 합의점을 찾으려는 모든 시도를 무산시키는 데 이용한다.

그 밖에도 수많은 기법이 있지만 메시지를 조작하여 어떤 이슈나, 또는 후보자에 대해 호감을 가질 수 있도록 포장하여 원하는 목적을 달성하려는 근본적인 원리는 다 똑같다.

선전의 종류와 매체

다음에 선전의 종류를 들어보면 정치적 프로파간다, 종교적 프로파간다, 이단종교들(cults)의 프로파간다, 정부(government) 프로파간다, 그리고 전쟁 프로파간다(war propaganda) 등을 들 수 있고,

매체로는 텔레비전, 영화, 라디오, 인터넷, 인쇄물 등(신문, 잡지, 포스터, 안내 책자 등등)이 있다.

브루너(M.L. Bruner) 교수에 의하면 이들 중 방송(broadcast) 프로파간다(텔레비전, 라디오, 필름)가 가장 위험한 종류라고 한다. 그 이유는 프로듀서, 감독, 작가, 뉴스앵커 또는 디스크자키 등의 개인적 신념이 시청하고 있는 엄청난 수의 시청자들한테 모르는 사이에 슬며시 영향을 미치기 때문이다. 시청자는 이러한 메시지들에 대하여 반응을 하거나 피드백을 할 기회가 거의 없으므로 많은 사람의 마음에는 이러한 메시지들이 그냥 사실로 스며들게 된다는 것이다.

특히 인터넷은 특정 이익집단이 전 세계적인 규모로 순식간에 자신들의 메시지를 전달할 수 있는 용이성으로 인해 요즈음 많이 애용되고 있는 선전 매체가 되고 있다. 21세기 들어 역사상 유례없이 인터넷에 누구나 접근할 수 있게 되면서 소셜 미디어(SNS)는 선전의 강력한 도구가 되었고, 쌍방향 소셜네트워크 사이트는 토론과 의견 공유의 강력한 플랫폼을 제공하고 있다. 유튜브에 업로드된 동영상이나 페이스북 또는 트위터에 올린 글, 심지어 댓글의 형태로 된 선전은 특정한 가치와 신념을 전파하는 데 엄청난 효과를 발휘한다.

소셜 미디어가 선전을 공유하는 데 효과적인 또 다른 요소는 적은 노력으로 수많은 사람에게 다가갈 수 있고, 사용자들은 보고 싶은 것만 선별하면서 원하지 않는 콘텐츠를 제거할 수 있다는 것이다.

sns는 선전의 강력한 도구가 되었다.

이런 식의 편의성은 일반인뿐만 아니라 정부 기관이나 정치인도 활용할 수 있는데, 이들은 플랫폼을 이용해 자신들의 목적을 위해 '가짜 뉴스'를 퍼뜨릴 수 있다.

일반 대중이 진실에 기초한 설득인지 또는 프로파간다인지를 분간하기는 매우 어려운 일이며, 따라서 프로파간다를 피한다는 것도 거의 불가능한 일이다. 그러나 매우 단순한 진실은 단체건, 정치가이건, 정당이건, 종교이건 간에 그들의 신념이나 목표에 논란거리를 불러올 어떠한 정보도 자발적으로 밝히지는 않는다는 사실이다. 따라서 일방적으로 한쪽의 이야기만 듣고 성급하게 판단하는 것은 매우 위험하며, 주어진 토픽에 대해 정말로 진실에 가까운 정보를 원한다면, 믿을 만한 출처를 통해 그 배경을 더 조사해보는 것이 필요하다.

과거를 되짚어 보면 언제나 젊은 세대가 일방적인 선전·선동에 매우 취약하다는 것을 보아왔다. 젊은이만의 순수한 열정 때문일 것이

히틀러, 마오쩌둥, 무솔리니는 선전 · 선동에 탁월했다.

다. 우리는 이미 역사에서 마오쩌둥의 이념을 관철하기 위하여 문화 혁명을 주도한 홍위병, 히틀러에 열광한 청소년 친위대인 히틀러 유겐트(Jugend), 무솔리니의 청년단 등과 같이 독재자들이 자신들의 목적을 위하여 어떻게 청소년들을 교묘하게 이용하는지 보아왔다.

영국의 윈스턴 처칠은 "20대에 공산주의자가 아니면 심장이 없고 40대에 아직도 공산주의자이면 머리가 없다"라는 유명한 말을 했다. 한 번쯤 곱씹어 볼 만한 경구(警句)이다.

참고문헌

1. 역사를 바꾼 3건의 대전염병

1) https://en.wikipedia.org/wiki/Plague_of_Athens
2) https://www.ancient.eu/article/939/the-plague-at-athens-430-427-bce/
3) https://www.ncbi.nlm.nih.gov/pubmed/19787658
4) https://www.ancient.eu/article/782/justinians-plague-541-542-ce/
5) https://www.passporthealthusa.com/2016/05/what-was-the-plague-of-justinian/
6) https://www.nationalgeographic.com/news/2014/1/140129-justinian-plague-black-death-bacteria-bubonic-pandemic/
7) https://en.wikipedia.org/wiki/Consequences_of_the_Black_Death
8) https://www.americanscientist.org/article/the-bright-side-of-the-black-death
9) https://www.history.com/topics/middle-ages/black-death
10) https://www.britannica.com/event/Black-Death
11) https://www.historytoday.com/archive/black-death-greatest-catastrophe-ever

2. 제2차 세계대전을 승리로 이끈 페니실린

1) http://www.ourcivilisation.com/smartboard/shop/jepsonrw/chap14.htm
2) http://changingminds.org/techniques/propaganda/propaganda_history.htm
3) http://www.historians.org/projects/GIRoundtable/propaganda/

Propaganda4.htm
4) http://history.howstuffworks.com/historians/propaganda.htm
5) http://en.wikipedia.org/wiki/Propaganda
6) https://en.wikipedia.org/wiki/Propaganda_techniques
7) https://www.youtube.com/watch?v=qQT_eNip1AY
8) http://www.utahtaxpayers.org/?p=633
9) http://edition.cnn.com/2015/10/26/opinions/jones-trump-social-media/
10) http://reason.com/blog/2016/01/12/how-trumps-big-lie-technique-works-belie

3. 화학무기 100년의 역사

1) http://chemicalweapons.cenmag.org/who-was-the-father-of-chemical-weapons/
2) http://www.compoundchem.com/2014/10/07/nerveagentspart1/
3) http://www.compoundchem.com/2014/05/17/chemical-warfare-ww1/
4) http://chemicalweapons.cenmag.org/when-chemicals-became-weapons-of-war/
5) https://en.wikipedia.org/wiki/VX_(nerve_agent)
6) https://en.wikipedia.org/wiki/Gerhard_Schrader
7) http://www.neatorama.com/2013/09/06/The-Curious-Origin-of-Sarin-Nerve-Gas/
8) http://www.toxipedia.org/display/toxipedia/Gerhard+Schrader+-+Father+of+the+Nerve+Agents
9) http://nationalinterest.org/feature/the-five-most-deadly-chemical-weapons-war-10897?page=show

4. 화학무기와 윤리

1) http://www.economist.com/blogs/economist-explains/2013/09/economist-explains-4

2) https://www.theatlantic.com/international/archive/2013/09/why-chemical-weapons-are-different/279482/
3) http://blog.practicalethics.ox.ac.uk/2013/08/in-defense-of-the-double-standard-for-chemical-weapons/
4) http://www.cambridge.org/catalogue/catalogue.asp?isbn=9780521836715&ss=exc
5) https://www.law.upenn.edu/live/files/4240-michael-davis-paperglobal-defense-industry-and
6) http://www.npr.org/2013/05/01/180348908/why-chemical-weapons-have-been-a-red-line-since-world-war-i
7) http://www.denverpost.com/2017/04/10/why-should-the-line-be-drawn-at-chemical-weapons/
8) https://aphilosopher.wordpress.com/2017/04/07/chemical-weapons-ethics-revisited/
9) http://www.americanheritage.com/content/why-we-didn%E2%80%99t-use-poison-gas-world-war-ii
10) http://www.washingtonsblog.com/2012/10/the-real-reason-america-used-nuclear-weapons-against-japan-to-contain-russian-ambitions.html
11) http://www.history.com/topics/world-war-ii/bombing-of-hiroshima-and-nagasaki
12) http://nationalinterest.org/feature/no-other-choice-why-truman-dropped-the-atomic-bomb-japan-13504

5. 독일의 제2차 세계대전 전쟁배상금

1) https://en.wikipedia.org/wiki/Alsos_Mission
2) https://www.theguardian.com/science/2007/aug/29/sciencenews.secondworldwar
3) https://www.cia.gov/library/center-for-the-study-of-intelligence/csi-publications/csi-studies/studies/vol-58-no-3/operation-paperclip-

the-secret-intelligence-program-to-bring-nazi-scientists-to-america.htm
4) https://www.scientificamerican.com/article/neurologists-role-in-nazi-racial-hygiene-only-now-comes-to-light/?redirect=1
5) https://en.wikipedia.org/wiki/Operation_Paperclip
6) https://www.amazon.com/Taking-Nazi-Technology-Exploitation-Science-ebook/dp/B07KM6SR11
7) https://www.livescience.com/12991-10-outrageous-military-experiments.html
8) https://en.wikipedia.org/wiki/Morgenthau_Plan
9) https://en.wikipedia.org/wiki/World_War_II_reparations

6. 천재 발명가이자 엔지니어 아르키메데스

1) https://en.wikipedia.org/wiki/Archimedes
2) http://archimedespalimpsest.org/about/history/archimedes.php
3) http://www-groups.dcs.st-and.ac.uk/~history/Biographies/Archimedes.html
4) http://www.ancientgreece.com/s/People/Archimedes/
5) http://www.crystalinks.com/archimedes.html
6) http://www.thefamouspeople.com/profiles/archimedes-422.php
7) http://www.famousscientists.org/archimedes/
8) http://www.storyofmathematics.com/hellenistic_archimedes.html
9) http://web.mit.edu/2.009/www/experiments/deathray/10_ArchimedesResult.html
10) http://scienceworld.wolfram.com/biography/Archimedes.html
11) https://www.math.nyu.edu/~crorres/Archimedes/Crown/CrownIntro.html
12) http://quest.nasa.gov/aero/planetary/archimedes.html
13) http://www.encyclopedia.com/topic/Archimedes.aspx
14) https://en.wikipedia.org/wiki/Syracusia

15) http://www.ancient.eu/Syracusia/
16) http://www.ehow.com/info_8397305_list-inventions-made-archimedes.html
17) http://www.senecacollege.ca/quarterly/2010-vol13-num04-fall/vallianatos.html
18) http://www.pbs.org/wgbh/nova/physics/inside-archimedes-palimpsest.html
19) https://www.math.nyu.edu/~crorres/Archimedes/Siege/Summary.html
20) https://www.math.nyu.edu/~crorres/Archimedes/Death/Histories.html

7. 로마제국을 세운 엔지니어링의 역할

1) https://www.britannica.com/technology/military-technology
2) https://en.wikipedia.org/wiki/Roman_military_engineering
3) https://www.ancient.eu/Roman_Engineering/
4) http://exhibits.hsl.virginia.edu/romansurgical/
5) https://www.realmofhistory.com/2016/11/11/10-roman-military-innovations-facts/
6) https://www.history.com/news/8-ways-roads-helped-rome-rule-the-ancient-world
7) https://www.ancienthistorylists.com/rome-history/top-roman-military-tactics/
8) https://en.wikipedia.org/wiki/Technological_history_of_the_Roman_military
9) https://brewminate.com/medical-anesthesia-and-surgery-in-ancient-rome/
10) https://sites.psu.edu/romangrandstrategy2015/military-engineering

8. 공학계의 전설 레오나르도 다빈치

1) https://www.asme.org/topics-resources/content/leonardo-da-vinci

2) https://www.engineering.com/Blogs/tabid/3207/ArticleID/34/Leonardo-da-Vinci.aspx
3) https://interestingengineering.com/genius-inspired-by-nature-the-inventions-of-leonardo-da-vinci
4) https://ascelibrary.org/doi/pdf/10.1061/%28ASCE%29LM.1943-5630.0000040
5) http://www.leonardodavincisinventions.com/war-machines/
6) http://www.da-vinci-inventions.com/davinci-inventions.aspx
7) https://illumin.usc.edu/leonardo-da-vinci-the-engineer/
8) https://www.italian-renaissance-art.com/Da-Vinci-weapons.html
9) https://eandt.theiet.org/content/articles/2016/01/leonardo-da-vinci-artist-and-engineer/
10) https://www.telegraph.co.uk/travel/arts-and-culture/leonardo-da-vinci-500/
11) https://www.weforum.org/agenda/2019/05/four-ways-in-which-leonardo-da-vinci-was-ahead
12) http://vangeog.blogspot.com/2016/04/this-old-map-da-vincis-city-plan-1502.html
13) https://ascelibrary.org/doi/pdf/10.1061/%28asce%29lm.1943-5630.0000040
14) http://www.storiainrete.com/1333/rinascimento/machiavelli-leonardo-borgia-a-fateful-collusion/
15) https://blog.nationalgeographic.org/2013/01/22/leonardos-bridge-part-2-a-bridge-for-the-sultan/
16) https://paulhumphriesriverecology.wordpress.com/2014/09/05/leonardo-da-vinci-rivers-water-science-and-art-part-3-diverting-the-arno/

9. 헨리 모즐리와 모즐리의 법칙

1) https://en.wikipedia.org/wiki/Henry_Moseley

2) https://www.chemteam.info/AtomicStructure/AtNum-Moseley.html
3) https://www.britannica.com/biography/Henry-Moseley
4) https://en.wikipedia.org/wiki/Moseley%27s_law
5) http://www.corrosion-doctors.org/Periodic/Periodic-Moseley.htm
6) https://iopscience.iop.org/article/10.1088/0022-3727/48/50/500302/pdf
7) http://prospect.rsc.org/blogs/cw/2013/08/12/henry-moseley-single-most-costly-death-war/
8) https://www.famousscientists.org/henry-moseley/

10. 빅토리아 여왕의 후손들

1) http://www.express.co.uk/news/world-war-1/457365/Royal-misfit-who-caused-The-Great-War
2) https://en.wikipedia.org/wiki/Royal_descendants_of_Queen_Victoria_and_King_Christian_IX
3) http://www.bbc.co.uk/history/british/britain_wwone/cousins_at_war_01.shtml
4) https://shatteredcrowns.wordpress.com/royalties-in-the-first-world-war/
5) https://shatteredcrowns.wordpress.com/monarchies-in-the-first-world-war-2/
6) http://hubpages.com/education/Queen-Victorias-Grandchildren-the-effect-on-World-War-One
7) http://www.dailymail.co.uk/femail/article-2552270/Royal-Cousins-War-tells-family-rift-saw-George-V-Tsar-Nicholas-against-German-cousin.html#ixzz3zeIEaXXP
8) http://hubpages.com/education/Why-there-wasnt-a-revolution-in-Britain-in-1918

11. 원자핵 구조에서 핵분열까지

1) https://www.britannica.com/biography/Henri-Becquerel

2 https://www.biography.com/scientist/jj-thomson
3) https://www.britannica.com/biography/Ernest-Rutherford
4) https://www.universetoday.com/38326/plum-pudding-model/
5) https://www.britannica.com/science/Bohr-model
6) https://physicsworld.com/a/explorer-of-stars-and-souls-arthur-stanley-eddington/
7) https://en.wikipedia.org/wiki/Discovery_of_the_neutron
8) https://www.nobelprize.org/prizes/physics/1939/lawrence/biographical/
9) https://theconversation.com/lise-meitner-the-forgotten-woman-of-nuclear-physics-who-deserved-a-nobel-prize-106220
10) https://history.aip.org/history/exhibits/mod/fission/fission1/01.html

12. 치열한 원자폭탄 제조 경쟁

1) http://www.basic-physics.com/n6-bohr-wheeler-theory-of-fission/
2) https://www.uchicago.edu/features/how_the_first_chain_reaction_changed_science/
3) https://www.americanscientist.org/article/the-sorrows-of-old-werner
4) https://en.wikipedia.org/wiki/German_nuclear_weapons_program
5) https://www.scientificamerican.com/article/operation-gunnerside-the-norwegian-attack-on-heavy-water-that-deprived-the-nazis-of-the-atomic-bomb/
6) https://www.sciencedirect.com/science/article/abs/pii/0020738172830146
7) https://www.atomicheritage.org/history/britains-early-input-1940-41
8) https://en.wikipedia.org/wiki/Leipzig_L-IV_experiment_accident

13. 핵무기의 아버지들

1) http://www.thenewatlantis.com/publications/the-agony-of-atomic-genius
2) http://io9.gizmodo.com/the-heartbreaking-feud-between-edward-teller-and-j-robe-1505532276
3) https://www.armscontrol.org/print/1851
4) https://en.wikipedia.org/wiki/J._Robert_Oppenheimer
5) http://www2.iath.virginia.edu/id/ethics/context/ethicsinv1.html
6) http://origins.osu.edu/review/oppenheimer-tragic-intellect
7) http://www.atomicheritage.org/profile/j-robert-oppenheimer
8) http://www.atomicheritage.org/history/oppenheimer-security-hearing
9) https://blogs.scientificamerican.com/the-curious-wavefunction/the-many-tragedies-of-edward-teller/
10) https://www.aps.org/units/fps/newsletters/2003/april/article4.pdf
11) http://blog.nuclearsecrecy.com/2012/07/11/edward-teller-on-loyalty-1948/
12) http://www.slate.com/articles/life/welltraveled/features/2005/a_nuclear_family_vacation/a_nuclear_family_rivalry.html
13) http://www.smithsonianmag.com/smart-news/robert-oppenheimers-career-ended-long-after-bang-whimper-180963805/
14) https://en.wikipedia.org/wiki/Edward_Teller

14. 드 비어스 "다이아몬드여 영원하라"

1) https://en.wikipedia.org/wiki/Cecil_Rhodes
2) http://www.sahistory.org.za/people/cecil-john-rhodes
3) http://www.bbc.com/news/magazine-32131829
4) http://overcomingapartheid.msu.edu/people.php?id=65-251-109
5) https://www.britannica.com/biography/Cecil-Rhodes
6) https://en.wikipedia.org/wiki/De_Beers

7) http://www.newworldencyclopedia.org/entry/Cecil_Rhodes
8) http://edwardjayepstein.com/diamond/chap7.htm
9) http://www.historic-uk.com/HistoryUK/HistoryofEngland/Cecil-Rhodes/
10) http://www.miningweekly.com/topic/erasmus-stephanus-jacobs
11) http://courses.wcupa.edu/jones/his312/lectures/southafr.htm
12) http://www.debeersgroup.com/en/our-story/our-history.html
13) http://www.shimansky.com/discover/about-diamonds/history
14) http://www.qcc.cuny.edu/BiologicalSciences/Faculty/rscal/gems/diamark.html
15) http://www.notablebiographies.com/Pu-Ro/Rhodes-Cecil.html

15. 레이건의 전략방위구상(SDI)과 북한 미사일

1) https://www.historynet.com/weapons-of-world-war-i.htm
2) https://en.wikipedia.org/wiki/Technology_during_World_War_II
3) http://mentalfloss.com/article/92176/11-weapons-won-world-war-ii
4) https://www.history.com/news/reagan-star-wars-sdi-missile-defense
5) https://nationalinterest.org/blog/the-buzz/star-wars-missile-defense-back%E2%80%94-will-it-work-25197
6) https://www.atomicheritage.org/history/strategic-defense-initiative-sdi
7) https://www.britannica.com/topic/Strategic-Defense-Initiative
8) https://en.wikipedia.org/wiki/Strategic_Defense_Initiative
9) https://www.hudson.org/research/14214-build-missile-defense-space-sensors-now
10) https://newatlas.com/laser-weapons-future-warfare/52801/

16. 정보통신시대의 하이브리드(hybrid) 전쟁

1) http://www.cse.wustl.edu/~jain/cse571-14/ftp/cyber_espionage/
2) http://www.newyorker.com/magazine/2012/09/17/the-silent-strike

3) https://en.wikipedia.org/wiki/Cyberwarfare
4) http://www.economist.com/node/16478792
5) https://www.digitaltrends.com/computing/bits-before-bombs-how-stuxnet-crippled-irans-nuclear-dreams/
6) http://www.sciencemag.org/content/339/6123/1026.full
7) http://www.cse.wustl.edu/~jain/cse571-14/ftp/cyber_espionage/
8) https://www.wsj.com/articles/cyberwar-ignites-a-new-arms-race-1444611128
9) http://www.telegraph.co.uk/technology/0/ransomware-does-work/
10) http://www.themedialine.org/featured/digital-world-makes-cyberwarfare-dangerous/
11) http://www.zdnet.com/article/prepare-for-increasing-nation-state-cyberattacks-with-strategy-not-technology/
12) https://www.wired.com/2009/11/mossad-hack/
13) https://techcrunch.com/2016/09/21/cybersecurity-is-threatening-americas-military-supremacy/
14) http://www.defensenews.com/articles/cyber-electronic-warfare-integration-critical-for-future-army-ops
15) http://edition.cnn.com/2016/11/28/politics/space-war-us-military-preparations/index.html
16) http://www.atlanticcouncil.org/blogs/natosource/russian-cyber-policy-and-the-war-against-georgia

17. 사이버 공간에서 변화하는 전쟁의 다양한 얼굴들

1) https://militaryembedded.com/comms/satellites/domains-of-warfare-and-strategic-offsets
2) https://www.brookings.edu/events/war-made-new-the-history-and-future-of-technology-and-warfare/
3) https://www.realcleardefense.com/articles/2018/11/14/information_warfare_past_present_and_future_113955.htm

4) https://www.globalvillagespace.com/what-is-hybrid-warfare-ikram-sehgal/
5) https://fortune.com/2018/05/12/cyberwar-cyberattacks/
6) https://en.wikipedia.org/wiki/Social_media_use_in_politics
7) https://www.theatlantic.com/magazine/archive/2016/11/war-goes-viral/501125/
8) http://www.fntoday.co.kr/news/articleView.html?idxno=234808
9) https://www.reuters.com/article/us-northkorea-cyber-un-idUSKCN1UV1ZX
10) http://money.cnn.com/2017/05/16/technology/ransomware-north-korea-hacking-history/index.html
11) https://scholarship.law.upenn.edu/cgi/viewcontent.cgi?article=2567&context=faculty_scholarship
12) https://scholarship.law.nd.edu/cgi/viewcontent.cgi?article=1124&context=ndjicl
13) https://www.bbc.com/news/39655415
14) http://www.skyedaily.com/news/news_view.html?ID=74440
15) https://www.theatlantic.com/ideas/archive/2018/07/the-us-has-a-long-history-of-election-meddling/565538/

18. 유화정책으로 평화 보장?

1) https://www.iwm.org.uk/history/how-britain-hoped-to-avoid-war-with-germany-in-the-1930s
2) https://en.wikipedia.org/wiki/Neville_Chamberlain#Munich_conference
3) https://en.wikipedia.org/wiki/Munich_Agreement
4) https://www.newhistorian.com/munich-pact/1340/
5) https://en.wikipedia.org/wiki/Winston_Churchill%27s_5th_October_Speech_to_the_House_of_Commons
6) https://www.britannica.com/event/Munich-Agreement

7) https://www.historytoday.com/richard-cavendish/munich-conference
8) https://en.wikipedia.org/wiki/Appeasement
9) http://www.cjnews.com/news/international/nobel-peace-prize-hitler-chamberlain

20. 역사에서 배우는 프로파간다

1) http://www.ourcivilisation.com/smartboard/shop/jepsonrw/chap14.htm
2) http://changingminds.org/techniques/propaganda/propaganda_history.htm
3) http://www.historians.org/projects/GIRoundtable/propaganda/Propaganda4.htm
4) http://history.howstuffworks.com/historians/propaganda.htm
5) http://en.wikipedia.org/wiki/Propaganda
6) https://en.wikipedia.org/wiki/Propaganda_techniques
7) https://www.youtube.com/watch?v=qQT_eNip1AY
8) http://www.utahtaxpayers.org/?p=633
9) http://edition.cnn.com/2015/10/26/opinions/jones-trump-social-media/
10) http://reason.com/blog/2016/01/12/how-trumps-big-lie-technique-works-belie
11) https://www.britannica.com/topic/propaganda
12) https://en.wikipedia.org/wiki/Social_media_use_in_politics

이미지 출처: 구글이미지, 위키피디아